Sikander Ali
Ayesha Taj

Produção de polifenol oxidase a partir de Rhizopus arrhizus

Sikander Ali
Ayesha Taj

Produção de polifenol oxidase a partir de Rhizopus arrhizus

Polifenol oxidase extracelular de Rhizopus arrhizus em cultura descontínua

ScienciaScripts

Imprint
Any brand names and product names mentioned in this book are subject to trademark, brand or patent protection and are trademarks or registered trademarks of their respective holders. The use of brand names, product names, common names, trade names, product descriptions etc. even without a particular marking in this work is in no way to be construed to mean that such names may be regarded as unrestricted in respect of trademark and brand protection legislation and could thus be used by anyone.

Cover image: www.ingimage.com

This book is a translation from the original published under ISBN 978-3-659-78211-4.

Publisher:
Sciencia Scripts
is a trademark of
Dodo Books Indian Ocean Ltd. and OmniScriptum S.R.L publishing group

120 High Road, East Finchley, London, N2 9ED, United Kingdom
Str. Armeneasca 28/1, office 1, Chisinau MD-2012, Republic of Moldova, Europe
Printed at: see last page
ISBN: 978-620-8-15820-0

ÍNDICE DE CONTEÚDOS:

LISTA DE ABREVIATURAS

CFU	Colony forming unit
Da	Dalton
lbs/in^2	Pounds per square inch
mg/l/h	Milligram per liter per hour
mg/ml	Milligram per milliliter
min	Minutes
mM	Milli molar
OD	Optical density
pH	Power of hydrogen ion concentration
*p*I	Isoelectric point
rpm	Revolution per minute
U/mg/min	Units per milligram per minute
PPO	Polyphenol oxidase
SFM	Sunflower meal
SBM	Soybean meal
µM	Micro Moles
SSF	Solid substrate fermentation

RESUMO

A polifenol oxidase *(EC 1.14.18.1)* pertence à subclasse das tirosinases, que são metaloproteínas contendo cobre, essenciais na via biossintética da melanina. A enzima tem importantes aplicações biotecnológicas na produção de L-dopa, na cicatrização de feridas em organismos superiores, na deteção e recuperação de compostos fenólicos de águas residuais. O presente estudo trata da produção de uma polifenol oxidase extracelular (PPO) de *Rhizopus arrhizus* NRRL-1510 por fermentação em substrato sólido (SSF) em frascos Erlenmeyer de 250 ml. Foram avaliados como substratos vários subprodutos agrícolas, incluindo farinha de girassol (SFM), farinha de soja (SBM), farinha de amêndoa, farinha de conola, bagaço de semente de mostarda e farinha de semente de colza. Entre estes, 15 g de SFM foram selecionados para a produção de enzimas, 72 h após a incubação a 30°C. O teor de humidade inicial também foi determinado utilizando diferentes agentes humidificantes, incluindo água destilada (pH 7), tampão citrato de sódio (pH 8,1), tampão fosfato (pH 7,2) e tampão acetato (pH 3,5). A água destilada (20 ml) foi optimizada como o melhor diluente. O tampão citrato de sódio (100 ml, pH 8,1) foi utilizado para a extração de enzimas da cultura de mosto fermentado. A atividade enzimática atingiu um máximo de 64,55 U/mg/min com requisitos culturais e nutricionais óptimos da estirpe fúngica utilizada.

Foi também investigado o efeito indutor de vários ácidos orgânicos fracos, microminerais metálicos e não metálicos, juntamente com quelantes e inibidores da atividade da PPO. Foram avaliados os ácidos fracos ascórbico, nicotínico, cítrico, oxálico, casmino e glutâmico. O ácido oxálico suportou a atividade enzimática máxima. O acetato de sódio como metal e o sulfato de potássio como microminerais não metálicos também foram optimizados. A descoberta notável foi a adição de ácido etileno diamina tetra acético (EDTA) como quelante que levou a produção de enzima a um máximo de 108,65 U/mg/min, o que foi altamente significativo *(HS,* $p<0,05$).

CAPÍTULO 1
INTRODUÇÃO

A polifenol oxidase (PPO, *EC 1.14.18.1)* pertence a uma subclasse de enzimas conhecidas como tirosinases, que catalisam a o-hidroxilação de monofenóis (moléculas de fenol em que o anel de benzeno contém um único substituinte hidroxilo) em o-difenóis (moléculas de fenol que contêm dois substituintes hidroxilo) e, subsequentemente, em o-quinonas (Jeon *et al.*, 2005; Matoba *et al.*, 2006). Na reação, o ião cobre reage com o oxigénio molecular para formar um intermediário que actua sobre o monofenol e o difenol (Gerdemann *et al.*, 2002; Donald e Gutteridge, 2009).

As tirosinases e as proteínas relacionadas foram isoladas de plantas, animais superiores e microrganismos (Marusek *et al.*, 2006). São diferentes umas das outras no que respeita à localização, distribuição e propriedades estruturais (Fenoll *et al.*, 2002; Mayer 2006). As tirosinases microbianas têm sido produzidas mais frequentemente a partir de *Pseudomonas, Bacillus, Myrothecium, Mucor, Miriococcum, Apergillus, Chaetotomastia, Ascovaginspora, Trametes, Pyenoporus, Trichoderma* e *Streptomyces* spp. Entre estes, as culturas fúngicas têm sido as principais fontes de enzimas intracelulares e extracelulares (Wichers *et al.*, 1996; Viswanath *et al.*, 2008). Tem havido um interesse na exploração de *Neurospora, Agaricus* e *Aspergillus* spp. porque podem produzir níveis elevados de tirosinase (Selinheimo *et al.*, 2006), mas a purificação e caraterização parciais têm sido um grande problema. Por conseguinte, a exploração de novas culturas industriais é uma necessidade do momento. Neste contexto, a produção de tirosinases a partir de *Rhizopus* spp. continua a ser uma área negligenciada, que pode ter um enorme alcance na indústria baseada na fermentação. Trata-se de um fungo filamentoso aeróbio obrigatório frequentemente utilizado para a produção de várias proteínas homólogas e heterólogas.

Foi desenvolvido um interesse significativo nas aplicações biotecnológicas das tirosinases, que incluem a produção de L-dopa a partir de L-tirosina, que acaba por ser convertida em melanina, e a produção de redes de proteínas reticuladas para utilização como novos aditivos alimentares (Lanto *et al.*, 2007). Tem potencial de redução da oxidação, pelo que está envolvida na cicatrização de feridas em organismos superiores (Mayer 1987; Greggio *et al.*, 2005). A tirosinase desempenha um papel vital no desenvolvimento das propriedades organolépticas do chá, do cacau, do café e das resinas (Martinez e Whitaker, 1995; Ramirez *et al.*, 2003). Numerosos métodos convencionais envolvem normalmente elevados custos de capital e de funcionamento e não removem completamente o fenol. Por conseguinte, foram explorados métodos microbianos e enzimáticos que estão a ganhar maior interesse (Lee *et al.*, 1996; Chiacchierini *et al.*, 2004).

Os métodos de cultivo influenciam grandemente a produção e as propriedades das tirosinases (Leona *et al.*, 2008). Podem ser produzidas por diferentes métodos, incluindo a fermentação submersa (SmF) e a fermentação em substrato sólido. No entanto, a SSF é considerada mais económica e prática do que outros métodos de produção em massa (Davis e Blevins, 1979; Aulde 1992). Este método é preferido pelo facto de se poder separar facilmente a enzima da célula através de técnicas simples. Envolve o crescimento e o metabolismo de microrganismos em sólidos húmidos sem qualquer fluxo livre de água. A SSF parece possuir várias vantagens biotecnológicas, tais como maior produtividade de fermentação, maior concentração final de produtos, maior estabilidade do produto, menor repressão catabólica, cultivo de microrganismos especializados em substratos insolúveis em água ou cultivo misto de vários fungos, menor exigência de esterilidade devido à baixa atividade da água, menor exigência de energia, menor capital e despesas recorrentes (Holker *et al.* 2004; Mahadik *et al.* 2002).

Vários factores culturais e nutricionais, como a temperatura, a tensão de oxigénio e o fornecimento de micro e macrominerais, afectam grandemente a produtividade da tirosinase (Seo *et al.*, 2003; McMahon *et al.*, 2007). O tempo de incubação não só determina a duração da fase exponencial do crescimento fúngico, como também estabelece a eficácia da produção de metabolitos (Raju *et al.*, 1993). Diferentes bolores têm diferentes períodos de incubação que se baseiam nas suas condições estruturais, ambientais e de crescimento (Pialis e Saville, 1998). Os microrganismos filamentosos têm uma tendência para o cultivo prolongado para o aparecimento de variantes coloniais altamente ramificadas. Por vezes, estas variantes parecem ser de extensão limitada e não afectam significativamente o crescimento global da cultura. Noutros casos, no entanto, estas variantes ocorrem em maior extensão e acabam por se tornar os principais componentes das culturas (Christopher *et al.*, 1997). Esta tendência tem consequências indesejáveis para a cultura comercial de micróbios, em especial para a produção de composições pertinentes, em que é frequentemente desejável produzir bolores com ramificações hifais limitadas (Hee *et al.*, 1998; Carter e Bull, 2004).

O pH e a temperatura do meio desempenham um papel crítico na produção de enzimas. O pH do meio de cultura é necessário para um melhor crescimento das células miceliais porque rege as actividades metabólicas óptimas. O seu crescimento tem lugar em condições de pH definidas, nas quais as vias metabólicas funcionam sem problemas. Qualquer desvio no pH perturba a fisiologia fúngica que esgota a produção de enzimas (Halaouli *et al.*, 2006). A temperatura é também um fator importante para o crescimento. Com o aumento da temperatura, a produção de enzimas intracelulares e extracelulares também aumenta, mas até um certo ponto. As culturas de fungos termofílicos podem, no entanto, tolerar temperaturas mais elevadas sem afetar a produtividade enzimática líquida (Decker e Tuczek, 2000).

Foram testados vários tipos de fontes de carbono, como a frutose, a lactose, a maltose, a sacarose e o amido, em níveis variáveis, para a produção de tirosinase. Os bolores produzem um nível elevado de tirosinase intracelular em meio contendo glucose (Jeon *et al.*, 2005). A produção de tirosinase também é estimulada pela suplementação de fontes de carbono no meio. As fontes de nitrogénio orgânico incluem licor de com, peptona e extrato de levedura (Gutteridge *et al.*, 1977). No entanto, a adição de uma pequena quantidade de extrato de levedura a um meio contendo sulfato de amónio e amido numa relação C:N equilibrada também aumenta significativamente a produção de tirosinases (Decker e Tuczek, 2000; Parvinen *et al.*, 2007). Diferentes fontes de potássio e as suas concentrações no meio de cultura também podem afetar a produção intracelular de tirosinase. Normalmente, o potássio ajuda as células miceliais a crescerem mais rapidamente e produz uma massa fofa de micélios que libertam a enzima tirosinase em grande quantidade (Haneda *et al.*, 1973; Kuo *et al.* 2003).

CAPÍTULO 2
OBJECTIVOS

O Paquistão é um país agrícola. Produz vários subprodutos, incluindo farinha de girassol, farinha de soja, farinha de canola, farinha de amêndoa, bagaço de mostarda e farinha de colza, que podem ser explorados para a produção de enzimas. Verifica-se uma tendência crescente para produzir várias enzimas a partir de fontes microbianas, nomeadamente fungos filamentosos, em condições controladas. As tirosinases constituem um instrumento versátil na biotecnologia. Foram utilizadas comercialmente para a produção de L-dopa, deteção quantificada e remoção de compostos fenólicos da água. No presente estudo, foi selecionada uma nova cultura fúngica *Rhizopus arrhizus* NRRL-1510 para a produção de tirosinase em frascos Erlenmeyer de 250 ml utilizando a fermentação em substrato sólido (SSF). O efeito dos seguintes parâmetros foi investigado,

1. Avaliação de vários subprodutos agrícolas como substrato
2. Teor de humidade inicial
3. Tempo de incubação
4. Temperatura de incubação
5. Extração de enzimas
6. Papel dos ácidos orgânicos fracos, dos microminerais metálicos e não metálicos e dos quelantes na atividade enzimática

CAPÍTULO 3
REVISÃO DA LITERATURA

Dion (1952) investigou que o fungo *Polyporus versicolor* produzia uma polifenol oxidase extracelular durante o crescimento em cultura submersa. A enzima era estável e ativa em solução ácida e oxidava a lenhina, a vanilina, o ácido ferúlico e outras substâncias fenólicas. A vanilina e o ácido ferúlico foram convertidos em novos compostos em resultado da ação da enzima, enquanto a lenhina absorveu oxigénio e pareceu tornar-se mais solúvel em água. Sussman (1961) comparou as diferenças entre a tirosinase termoestável e termolábil isolada de *Neurospora crassa* utilizando um espetrofotómetro. Verificou-se ainda que a termolábil se perdia rapidamente. Friedberg e Hayden (1963) trabalharam sobre a irradiação gama de polipéptidos e a transformação de aminoácidos. Observaram a conversão de ácido aspártico em ácido glutâmico e de 3,4 dihidroxifenilalanina em tirosina. Nagatsu *et al.* (1964) investigaram os passos iniciais da formação de norepinefrina com a ajuda da enzima tirosina hidroxilase. Verificou-se que o sistema nervoso e os tecidos continham uma hidroxilase específica que formava L-dopa a partir da L-tirosina.

Midehiko *et al.* (1969) estudaram a síntese de L-dopa a partir de L-tirosina e pirocatecol pela β-tirosinase cristalina. A β-tirosinase cristalina foi preparada a partir de células intermédias *de Escherichia* cultivadas num meio suplementado com L-tirosina durante 2 h de incubação a 30°C, a enzima catalisou a formação de 0.81 μM de L- dopa numa mistura de reação inicialmente com 3,70 μM de L-tirosina, 18,5 μM de pirocatecol, 0,1 micromoles de fosfato de piridoxal, 50 micromoles de tampão K-fosfato (pH 7,8) e 12 mg de enzima. Sih *et al.* (1969) foi o primeiro a registar a biossíntese de L-tirosina em L-3, 4-dihidroxifenilalanina. Foram utilizadas as espécies *A. ochraccus, P. duclaauxi, Gliocladium, deliquescens, Stemphylium solani, Scopulariopsis constantini, Memnonella echinata, T. viridie, Corynespora cassicola, Fusarium solani* e *Stysanus fineturius*.

Haneda *et al.* (1973) investigaram a biossíntese de L-3,4-dihidroxilfenilalanina a partir de L-tirosina por microrganismos. Verificou-se que *o A. oryzae* era mais ativo. A formação de L-dopa por micélios fúngicos intactos foi efectuada em condições ácidas. A formação de L-dopa foi efectuada numa gama de pH 2 a 5 e o pH ótimo foi de cerca de 3 a 4. Pouca ou nenhuma atividade foi detectada acima de pH 5. Este perfil era diferente da tirosinase geral. A adição de ácido L-ascórbico na mistura de reação impediu a decomposição da L-dopa. Durante a cultura dos micélios fúngicos, a atividade de formação de L-dopa apareceu após a cessação do crescimento, indicando assim a formação preferencial da enzima em causa. A formação de L-dopa diminuiu com a utilização de glucose, ao passo que aumentou com a utilização de oxigénio.

Bull e Carter (1973) desenvolveram um procedimento numa única etapa que permitiu a recuperação da fenol oxidase de *A. nidulans* num estado de elevada pureza.

A análise da enzima provou que se tratava de uma tirosinase. A enzima tinha uma afinidade relativamente baixa pelo oxigénio, em comparação com outras fenol oxidases, e uma afinidade elevada pelo seu substrato fenólico. A tirosinase *de Aspergillus* era heterogénea e parecia existir num equilíbrio de monómero (mol. wt $1{,}3^{x}$ 10^{5}) e tetrâmero ($5{,}2x10^{5}$). Katsuji e Isao (1974) trabalharam na enzima encontrada em *A. oryzae* que catalisava a formação de L-dopa a partir de L-tirosina. Possui também atividade de tirosinase, foi extraída de micélios intactos de *A. oryzae*. As actividades enzimáticas ocorreram na gama ácida de 2 a 5. A enzima não activada também apresentou uma gama de pH semelhante. O pH ótimo da enzima não activada foi o pH 6. A enzima activada por tratamento ácido foi estável durante a conservação. Isto sugere que a ativação ocorreu de forma irreversível. A ativação ocorreu prontamente, mesmo a 0°C, e foi aumentada até certo ponto a 20°C. Era provável que esta enzima existisse in vivo sob a forma inactivada.

Gutteridge *et al.* (1977) estudaram a oxidação fotoquímica da tirosinase. A foto-oxidação sensibilizada por corante inactivou as tirosinases de *Neurospora* e *Agaricus*. Vincent *et al.* (1978) estudaram o isolamento da tirosinase, que necessitava de 24 a 36 horas para produzir uma enzima pura. A tirosinase foi utilizada na formação de L-dopa a partir de L-tirosina e, em seguida, a L-dopa foi convertida em melanina. Sarin *et al.* (1980) trabalharam na bioconversão de L dopa a partir de L-tirosina por *A. oryzae* NRRL-95, que foi cultivada num meio rico em caldo de extrato de levedura de glucose-peptona. Em intervalos de tempo diferentes, o micélio produtor de tirosinase foi removido e completou a reação. O máximo de L-dopa foi obtido a 48°C com micélio em 60 min de tempo de reação, a 50°C a concentração de L-tirosina foi de 0,5 mg/ml. Foram avaliadas doze fontes de carbono para o crescimento micelial e a formação de L-dopa, sendo a glucose a fonte óptima. Ellosiah e Rama (1989) trabalharam na biossíntese de L-dopa a partir de L-tirosina de várias estirpes de *Aspergillus* e *Streptomyces* testadas, num meio rico em L-tirosina *A. oryzae* NCIM-646 produziu a maior quantidade de L-dopa. Foram estabelecidas condições culturais óptimas, incluindo a temperatura de incubação de 50°C, a um pH médio de 4, tempo de incubação de 60 min com concentração de L-tirosina de 2 mg/ml. O rendimento ótimo foi de 375 Mg/ml.

Sharmilla e Arati (1990) trabalharam com A *terreus* 104 para a produção de tirosinase. Também foi observado o efeito do ácido L-ascórbico e de outros antioxidantes. No entanto, verificou-se que, em condições óptimas, 85% da L-tirosina foi convertida em L-dopa. Gruhn e Miller (1991) estudaram várias espécies de fungos que foram cultivadas em meios sólidos e líquidos para comparar os seus conteúdos de atividade de tirosinases e poliaminas na presença de stress de cobre (Cu). A atividade da tirosinase intracelular de *P. tinctorius* e *S. granulatus* aumentou devido ao stress de Cu, mas a afinidade do substrato permaneceu igual. Isto indicou um aumento na quantidade de enzima sintetizada e sugeriu que a tirosina actuou na desintoxicação ligando irreversivelmente iões de cobre. A tirosinase de *P. tinctorius* tinha uma maior afinidade de substrato do que a das culturas.

Toshiteru *et al.* (1991) compararam as propriedades da tirosinase extraída do arroz-koji com as da tirosinase extraída do micélio. As caraterísticas da atividade de escurecimento dos extractos de arroz-koji preparados utilizando *A. oryzae,* estirpe RIB-128 (ATTC 22788), que torna sempre o arroz koji castanho, e a atividade do micélio da mesma estirpe obtida por cultura submersa foram comparadas com a da tirosinase comum do cogumelo. Todas estas preparações enzimáticas catalisaram a biossíntese de L-dopa e posteriormente a melanina. A temperatura e o pH óptimos para a enzima extraída do arroz-koji foram pH 6 e 40°C. Para a enzima extraída do micélio, o pH foi de 5 e 30-40°C. Estas preparações enzimáticas foram inactivadas por tratamento térmico a 70°C durante 15 minutos. Também foi inibida por agentes quelantes de Cu em concentrações de 10' M. A enzima envolvida no escurecimento do arroz-koji produzido por *A. oryzae* foi considerada como tirosinase.

Raju *et al.* (1993) estudaram a biossíntese de L-dopa a partir de L-tirosina utilizando *A. oryzae.* O estudo foi efectuado em quatro condições diferentes, ou seja, pH, temperatura, concentração de substrato e período de incubação. O rendimento máximo do produto foi obtido à temperatura de 50°C, pH 3,5, concentração de substrato 100 mg/ml e período de incubação de 60 min. Foi também estudado o efeito de diferentes compostos contendo carbono e azoto para melhorar a atividade de formação do produto das células microbianas. Jimenez e Garcia (1998) trabalharam com a polifenol oxidase (PPO) isolada de *Vicia faba,* e esta era ativa em ambiente ácido.

Thornton *et al.* (1997) estudaram o anticorpo monoclonal murino (MAb) de imunoglobulina de classe M (IgM) que foi criado contra antigénios de superfície de *Gaeumannomyces graminis.* A caraterização do antigénio através de tratamentos com calor e protease mostrou que o epítopo reconhecido pelo MAb era uma proteína. A produção de antigénio foi detectada apenas em micélios vivos. Os estudos de imunofluorescência mostraram que o antigénio estava associado tanto às macro-hifas melanizadas como aos micélios hialinos de *G. graminis var. tritici.* A secreção do antigénio não foi promovida pela 3-(4-hidroxifenil) alanina (L-tirosina). O MAb reagiu fortemente com a enzima lacase purificada, mas não reconheceu a tirosinase purificada.

Antonio *et al.* (1997) caracterizaram a bactéria melanogénica marinha MMB-1 que continha uma polifenol oxidase (PPO) pluripotente que catalisava a oxidação de uma vasta gama de substratos considerados específicos da tirosinase ou da lacase. Esta gama incluía monofenóis, como a L-tirosina, o-difenóis, como a L-dopa, p-difenóis, como a hidroquinona, o-aminofenóis, como o ácido 3-hidroxiantranílico, monofenóis activados, como o 2,6-dimetoxifenol e a siringaldazina, e cromóforos, como o ABTS.

Este foi o primeiro relato de uma enzima capaz de catalisar a oxidação de compostos até agora considerados específicos das tirosinases (L-tirosina) ou da lacase (siringaldazina), apresentando actividades de cresolase, catecol oxidase e lacase.

Decker e Tuczek (2000) estudaram as enzimas hemocianina, catecoloxidase e tirosinase. A catecoloxidase e a tirosinase pertencem à família das fenoloxidases, ao passo que as hemocianinas estavam envolvidas no transporte de oxigénio, que servia para a hidroxilação do fenol. Duran e Esposito (2000) estudaram muitas enzimas oxidativas de plantas e microrganismos (bactérias, fungos) que desempenham um papel vital no tratamento de resíduos. As fenoloxidases, também chamadas peroxidases, eram específicas na sua ação e transformadas em produtos menos tóxicos. O melhoramento foi efectuado através da redução do custo do tratamento. A tirosinase, por um processo chamado hidroxilação do fenol, também estava envolvida no tratamento de resíduos. Carvalho *et al.* (2000) estudaram a produção de L-dopa a partir da L-tirosina utilizando a enzima tirosinase na presença de um agente redutor como o ácido ascórbico. A imobilização da tirosinase foi investigada em diferentes suportes e agentes químicos.

Keisuke e Nicell (2000) estudaram a tirosinase de cogumelos que tem uma função semelhante à das peroxidases. Verificaram que a tirosinase estava envolvida no tratamento de águas residuais. A pH 7, foi observada uma atividade de 50%, mas esta reduziu-se com o aumento da acidez e da temperatura. A tirosinase converteu o fenol na sua quinina numa vasta gama de pH 5-8. Lorena *et al.* (2001) observaram que a tirosinase existia em muitas formas. Mas era muito difícil diferenciá-las. Geralmente, a tirosinase estava envolvida na hidroxilação do monofenol num intermediário que mostrava a sua atividade. Gukasyan (2002) estudou a oxidação de monofenóis pela tirosinase do fungo *A. flavipes* 56003 e avaliou o efeito do Fe^{2+} , da serina e do ácido ascórbico nesta reação. Foi demonstrado que os efectores aceleram a oxidação dos monofenóis Q I, diminuindo o tempo de atraso da reação. Tal deveu-se ao Fe, que envolveu a redução do sítio ativo. Supõe-se que o ácido ascórbico e a serina afectam a reação de transformação da quinona.

Marques *et al.* (2002) estudaram a produção de lacase por uma cepa brasileira de *Pleurotus pulmonarius* em fermentação em estado sólido utilizando farelo de trigo como substrato. Dentre as enzimas oxidativas e hidrolíticas testadas (lacase, álcool aril oxidase, lignina peroxidase, Mn peroxidase, xilanase e celulase), a lacase foi a principal enzima produzida por *P. pulmonarius.* A condição mais adequada para a produção máxima de lacase (8.600 U/g de substrato) foi um teor de humidade inicial de 75% e 5 dias de cultivo a 30°C. O pH e a temperatura óptimos para a atividade da lacase foram de 6,5 e 50°C, respetivamente. A lacase *de P. pulmonarius* foi estável a 50°C durante mais de 6 horas e reteve cerca de 73% e 18% da sua atividade quando aquecida durante 1 hora a 55 e 60°C, respetivamente. A enzima foi muito estável em pH alcalino, mas não em pH ácido. A atividade da lacase parece estar correlacionada com a capacidade do extrato bruto.

Jaenicle e Decker (2003) observaram tirosinases que estavam amplamente distribuídas entre plantas e fungos. Têm muitas funções biologicamente essenciais, ou seja, pigmentação, esclerotização, resposta imunitária primária e defesa do hospedeiro. Classificaram a caraterização estrutural e físico-química de duas novas tirosinases de *Palinurus elephas* e *Astacus leptodactylus*. As tirosinases ocorrem como hexâmeros compostos por um tipo de subunidade de massa molecular de aproximadamente 71 kDa. Os hexâmeros de tirosinase parecem ser semelhantes às hemocianinas. Foi desenvolvido um protocolo de purificação cuidadoso para diferenciar claramente entre as tirosinases e as hemocianinas estreitamente relacionadas. As propriedades físico-químicas das hemocianinas e das tirosinases eram diferentes no que diz respeito à eletronegatividade e à hidrofobicidade. As proteínas foram os predecessores ideais a partir dos quais se desenvolveu a hemocianina, proteína transportadora de oxigénio, com as suas propriedades alostéricas e cooperativas.

Fenoll *et al.* (2004) estudaram as propriedades cinéticas da tirosinase. Observaram o mecanismo complexo da enzima com e sem equação de taxa. Yamazaki *et al.* (2004) estudaram que a tirosinase tem um sítio ativo de cobre dinuclear (cobre tipo 3). Estava envolvida na atividade da catalase de oxigenação e na atividade da catecolase de desidrogenação do fenol utilizando oxigénio molecular. Foi também demonstrado pela primeira vez que a tirosinase de cogumelos catalisa a reação de oxigenação de fenóis com peróxido de hidrogénio. A reação foi investigada através da monitorização do consumo de peróxido de hidrogénio em condições aeróbicas.

Ito *et al.* (2005) estudaram que a tirosinase resistente a solventes orgânicos (OSRT) de *Streptomyces sp.* REN-21 era uma enzima única que mostrava uma atividade elevada na presença de solventes orgânicos. Foi examinada a oxidação catalisada pela OSRT de monofenóis, tais como péptidos e proteínas contendo tirosina. As propriedades catalíticas da OSRT foram comparadas com as da tirosinase dos cogumelos. Foi demonstrado que a OSRT oxida mais eficazmente o Gly-l-Tyr entre os quatro substratos peptídicos testados. Por outro lado, a tirosinase de cogumelo mostrou a maior atividade para 1-Tyr-Gly sob a condição de 1 mM de substrato. Salientou que um local binuclear de ligação ao cobre (local de cobre tipo 3) caraterístico das tirosinases estava contido na sequência de aminoácidos deduzida para a apo-OSRT. Foi construído um sistema de produção de alto nível para a OSRT utilizando pET20b(+) e Escherichia coli BL21(DE3)pLysS. Aproximadamente 54 mg de OSRT ativo foram sintetizados num caldo de cultura de 1 litro por esse sistema.

Halaouli *et al.* (2005) compararam a produção de tirosinase por *Pycnoporus cinnabarinus* e *Pycnoporus sanguineus* entre 20 estirpes originárias de várias áreas geográficas, particularmente de ambientes tropicais. A tirosinase da estirpe mais eficiente foi purificada e caracterizada e testada para aplicações em aditivos alimentares. As actividades de monofenolase e difenolase da tirosinase foram medidas a partir do lisado celular das 20 estirpes de *Pycnoporus*, durante 8-10 dias de cultivo. A estirpe *P. sanguineus* CBS 614.73 apresentou a produtividade mais elevada (45,4 e 163,6 U/g de proteína por dia para a monofenolase e a difenolase, respetivamente). Halaouli *et al.* (2006) salientaram que as tirosinases estavam envolvidas na melanogénese. As tirosinases formaram um intermediário por hidroxilação do momofenol e tornaram-se parte do pigmento castanho escuro. Diferentes propriedades fúngicas, como a virulência, a coloração, a defesa e a esporulação, devem-se a esta enzima. As tirosinases fúngicas eram geralmente intracelulares e produzidas em pequenas quantidades.

Claus e Decker (2006) estudaram que as tirosinases estão universalmente dispersas. Têm um papel crucial no sistema imunitário, na cicatrização de feridas e na pigmentação. Observaram que o sítio ativo da enzima interagia primeiro com iões de cobre, CuA e CuB, e depois com seis resíduos de histidina. Este tipo de interação iniciou dois tipos de reação para a hidroxilação. Yang *et al.* (2006) trabalharam com o extrato de tirosinase obtido de batata *(Somanum tuberosum)* e quatro fungos comestíveis, tais como *Agaricus bisporus* (Ab), *Lentinus edodes* (Le), *Voluariella voluacea* (Vv) e *Pleurotus eryngii* (Pe). Foram determinados a atividade enzimática, os parâmetros cinéticos (Km Vmax), o pH ótimo, a temperatura, a energia de ativação e a estabilidade da enzima de diferentes fontes. A tirosinase de Ab apresentou a maior atividade e estabilidade. A ordem de atividade estava relacionada com a atividade específica intrínseca da enzima e a eficiência da extração.

Laufer *et al.* (2006) trabalharam sobre a elevada atividade redox extracelular em líquenes e a presença de laccases nas paredes celulares dos líquenes. O trabalho demonstrou a presença de tirosinases. Foram efectuados testes para detetar a presença de tirosinases em 40 espécies de líquenes e, a partir de espécies selecionadas, foi determinada a sua localização celular e pesos moleculares. Foram também estudados os efeitos do stress e dos inibidores na atividade enzimática. As actividades da tirosinase e da lacase foram testadas espectrofotometricamente utilizando uma variedade de substratos. A massa molecular das enzimas foi estimada por eletroforese em gel de poliacrilamida. A atividade extracelular da tirosinase e da lacase foi medida em 40 espécies de líquenes de diferentes grupos taxonómicos e habitats contrastantes. A identificação das enzimas como tirosinases foi confirmada pela capacidade dos talos de líquenes ou lixiviados derivados da agitação de líquenes em água destilada para metabolizar substratos como a L-dihidroxifenilalanina (Dopa).

Ogel *et al.* (2006) observaram que *Scytalidium thermophilum* estava envolvido na produção de uma fenol oxidase extracelular em meio contendo glucose. A produção a 45°C em culturas em lote foi associada ao crescimento e foi aumentada na presença de 160 μM CuSO4 x 5 H2O e 3 mM de ácido gálico. A atividade enzimática mais elevada foi observada a pH 7,5 e 65°C, no catecol. Quando incubada durante 1 h a pH 7 e pH 8, 95% e 86% da atividade foi mantida. A termoestabilidade diminuiu gradualmente de 40 para 80°C. A massa molecular estimada foi de 83 kDa, e a pl foi ácida. A especificidade do substrato e a análise de inibição em sobrenadantes de cultura sugeriram que a enzima tem propriedades únicas, mostrando atividade para catecol; 3,4-di-hidroxi-L-fenilalanina (L-Dopa); 4-amino-N, N-dietilanilina (ADA); p-hidroquinona; ácido gálico; ácido tânico e ácido cafeico, e nenhuma atividade para L-tirosina.

Norouzian *et al.* (2007) imobilizaram a tirosinase de cogumelos comestíveis em partículas de ágar ativado, blocos e pó de casca de ovo revestidos com polietilenoimina (PEI) para verificar a sua eficiência na formação de L-dopa a partir de L-tirosina. A taxa de reação para cada forma (pó de casca de ovo revestido com PEI, blocos de ágar ativado e partículas de ágar ativado) foi calculada em 0,0021, 0,018 e 0,0032 min, respetivamente. No entanto, a dessorção da tirosinase de cada suporte foi considerada negligenciável. A produção de L-dopa foi de 25, 73 e 42 mg/1, respetivamente, através da imobilização em pó de casca de ovo revestido com PEI, partículas de ágar ativado e blocos, respetivamente.

Bose *et al.* (2007) detectaram lacase no filtrado de cultura do fungo de podridão branca *Termitomyces clypeatus*. A enzima foi encontrada na fase tardia do crescimento submerso num meio que continha glucose ou celulose como fonte de carbono. O estudo indicou que a lacase produzida por *T. clypeatus* era uma enzima intracelular, libertada no meio devido à lise celular no final da fase de crescimento. A lacase produzida por T. clypeatus era diferente da polifenol oxidase extracelular de T. albuminosus, também produzida na fase tardia do crescimento. Este foi o primeiro relato da produção de lacase por um *Termitomyces* sp.

Ali *et al.* (2007) investigaram que a 3, 4-dihidroxifenil L-alanina (L-dopa) é um fármaco de eleição para a doença de Parkinson, controlando as alterações nas enzimas do metabolismo energético do miocárdio após lesão neurogénica. *O Aspergillus oryzae* tem sido habitualmente utilizado para a produção de L-dopa; no entanto, potenciais melhorias em termos de facilidade de manuseamento, taxa de crescimento e impacto ambiental levaram a um interesse na exploração de leveduras alternativas. Os dois elementos importantes necessários para a produção de L-dopa eram as tirosinases intracelulares e o L-ascorbato, que actuava como agente redutor. Foram utilizadas células pré-crescidas de *Yarrowia lipolytica* NRRL-143 para a transformação microbiológica de L-tirosina em L-dopa. Foram adicionadas diferentes concentrações de diatomite (0,5-3 mg/ml) à mistura de reação ácida (pH 3,5). A biossíntese máxima de L-dopa (2,96 mg/ml de L-dopa a partir de 2,68 mg/ml de L-tirosina) foi obtida quando se adicionou 2 mg/ml de diatomite 15 minutos após o início da reação.

Santos *et al.* (2008) apresentaram o desenvolvimento de um rastreio simples e de elevado rendimento para identificar estirpes bacterianas capazes de produzir L-tirosina. Através da introdução de um gene heterólogo que codifica uma tirosinase, conseguiram associar a produção de L-tirosina em *Escherichia coli* à síntese do pigmento preto e difusível melanina. Embora a melanina tenha sido inicialmente produzida apenas a níveis baixos em meio mínimo de ácido morfolino propano sulfónico (MOPS), verificou-se que a suplementação de fosfato era suficiente para aumentar tanto as taxas de síntese como os títulos finais de melanina. Foi desenvolvida uma estratégia de seleção que utiliza estes resultados e que demonstrou ser eficaz no rastreio de grandes bibliotecas combinatórias na procura de estirpes produtoras de L-tirosina em excesso.

Nillius *et al.* (2008) estudaram as propriedades das fenoloxidases e das hemocianinas. As fenoloxidases estavam envolvidas na síntese de melanina, enquanto as hemocianinas eram responsáveis pelo transporte de oxigénio. Duas reacções são governadas pela enzima tirosinase, enquanto apenas o segundo passo estava sob o controlo das fenoloxidases. Donald e Gutteridge (2009) estudaram duas estruturas moleculares da tirosinase encontrada em fungos. Observou-se que a enzima encontrada em *Agaricus bisporus* era de natureza ácida e composta por quatro subunidades que se combinam para formar uma estrutura de tetrâmero, que era a estrutura atual da enzima em *A. bisoprus*. Por outro lado, a enzima presente em *N. crassa* era de natureza básica/alcalina. Era constituída por apenas uma subunidade, que tinha o mesmo tamanho que o tetrâmero.

Gasparetti *et al* (2009) efectuaram uma pesquisa de homologia em sequências públicas do genoma de fungos para descobrir novas tirosinases secretadas. As proteínas analisadas puderam ser divididas em dois grupos com diferentes comprimentos (350-400 e 400-600 resíduos), sugerindo a presença de uma nova classe de enzimas secretadas sem o domínio C-terminal. Entre elas, foi selecionada uma sequência de *Aspergillus oryzae* (408 aa, $AoCO_4$) para produção e caraterização. O AoCO4 foi expresso em *Trichoderma reesei* sob o forte promotor cbhl. A expressão de $AoCO_4$ em *T. reesei* resultou em elevados rendimentos de enzima extracelular, correspondendo a uma produção de 1,5 g/l da enzima.

Selinheimo *et al.* (2009) investigaram a especificidade do substrato das tirosinases e a sua capacidade de ligação cruzada. A tirosinase do fungo filamentoso *T. reesei* (TrT) e *A. bisporus* (AbT) foi comparada. As suas constantes cinéticas foram determinadas pelo consumo de oxigénio e por espectofotometria. Observou-se que o TrT apresentou um valor 10 vezes superior ao do AbT. Krishnaveni *et al.* (2009) estudaram a biossíntese de L-dopa pela enzima produzida em banana podre. Apresentou atividade tanto de catecolase como de cresolase. Foram realizadas experiências para otimizar as condições culturais utilizando ágar dextrose de batata como meio de cultura. Observou-se ainda que a atividade da tirosinase era de 1095 U/mg em condições óptimas, ou seja, pH 5,5, temperatura 25°C, tamanho do inóculo 2,5 ml após 72-120 h de incubação.

Mellay *et al.* (2009) investigaram que o aumento da produção e a acumulação de melanina conduzem a distúrbios de hiperpigmentação. Vários inibidores da tirosinase, a enzima chave na síntese de melanina, foram desenvolvidos, mas exibiram falta de eficiência ou alguns efeitos secundários adversos. Por isso, parece muito importante encontrar novos agentes que sejam capazes de promover a inibição da tirosinase e a pigmentação. No seu estudo, algumas moléculas de fenilalquilcinamida foram sintetizadas e avaliadas quanto à sua capacidade de atuar como inibidores da tirosinase. Os compostos 2 (IC-50-0,03 Mm) e 12 (IC-50-0,028 mM) apresentaram um forte potencial inibidor da tirosinase, comparável ao da hidroquinona padrão. No seu conjunto, os compostos 2 e 12 podem ser considerados como bons candidatos para novas investigações para avaliar o seu efeito na inibição da síntese de melanina e na pigmentação da pele.

Wan *et al.* (2008) isolaram uma nova tirosinase da estirpe WS de *Aeromonas* media e purificaram-na até à homogeneidade. A tirosinase purificada, denominada TyrA, tinha uma massa molecular de 58 kDa e um ponto isoelétrico de 4,9. Apresentava actividades óptimas de monofenol e difenol oxidase em condições básicas (pH>8.). A TyrA tinha uma afinidade relativamente maior para o substrato difenol L-dihidroxifenilalanina (L-dopa) do que muitas outras tirosinases. O EDTA ou o glutatião inibiram notavelmente as actividades enzimáticas de
TyrA, enquanto que o Triton X-100 e o SDS as activaram. O gene TyrA de comprimento total foi clonado e codifica uma proteína de 518 aminoácidos com poucas semelhanças com outras tirosinases registadas. No entanto, a TyrA recombinante purificada expressa em *Escherichia coli* demonstrou atividade de tirosinase. Estes resultados sugerem que a TyrA é a primeira tirosinase distinta registada envolvida na produção de melanina no género *Aeromonas*

Krishnaveni *et al.* (2009) estudaram os factores que influenciam a transformação de L-tirosina em L-dopa por *Acremonium rutilum,* um fungo produtor de tirosinase, isolado de cacho de banana decomposto. Este parece ser o primeiro relatório sobre *A. rutilum* como produtor de polifenoloxidase com atividade tanto de cresolase como de catecolase. Foi utilizado caldo de dextrose de batata enriquecido para estudos de otimização, que induziu níveis elevados de L-dopa sob fermentação submersa. *A. rutilum* produziu a produção máxima de L-dopa (0,89 mg/ml) e a atividade de tirosinase (1095 U/mg) sob os parâmetros optimizados, ou seja, uma temperatura de 25°C, pH 5,5, um tamanho de inóculo de 2,5 ml e um tempo de incubação de 72-120 h, com L-tirosina (5 mg/ml) como substrato. Foram observadas cinco bandas resolvidas, com valores R(f) de 0,73, 0,60, 0,54, 0,37 e 0,26, que confirmaram a presença de L-dopa.

Gaius *et al.* (2010) avaliaram o efeito da fluvastatina no aumento da atividade da tirosinase mediada pela hormona estimuladora de alfa-melanócitos na linha celular de melanoma B16F10. Observaram se a inibição da Akt e da quinase regulada pelo sinal extracelular (Erk) estava envolvida na síntese de tirosinase após a administração de fluvastatina. Salientaram que a fluvastatina modulou a melanogénese induzida pela hormona estimulante dos alfa-melanócitos, aumentando a produção de ARNm da tirosinase, como demonstrado pela PCR em tempo real, ou a síntese da proteína tirosinase, como apresentado pela técnica de western blot. O efeito estimulador da fluvastatina na melanogénese foi induzido pela modulação da proliferação celular. As suas descobertas indicaram que a fluvastatina aumentou a síntese de tirosinase induzida pela hormona estimuladora de alfa-melanócitos em células Bl6F10 e revelaram um efeito desconhecido da utilização de estatinas: a sua influência na produção de melanina.

CAPÍTULO 4
MATERIAIS E MÉTODOS

Os equipamentos, tais como incubadora refrigerada (MIR-153, Sanyo, Japão), autoclave (KT- 40L, ALP Co, Ltd 3-3-10, Midorigaoka, Hamara-shi Tokyo, Japão), forno de ar quente (854P, Memmert, Schwabach, Alemanha), câmara frigorífica (1410, Sanyo, Japão), banho-maria com agitação (SV-1422 Moemmert GmbH-Co KG, Alemanha), fluxo de ar laminar (Technico scientific supply), balança (MR-220, YNC. CO, Tóquio, Japão) e espetrofotómetro (D-21496, Irmeco GmbH, Heidelberg, Alemanha).

Os produtos químicos, incluindo o L-catecol, o ácido L-ascórbico, o citrato trissódico, o ácido acético glacial, o acetato de sódio, o ácido etilenodiamino tetra-acético e o azul brilhante de comassie (G-250), eram de escala analítica e foram adquiridos diretamente a Acros (Bélgica), E-Merck (Alemanha), Fluka (Reino Unido) e Sigma (EUA). Todos os outros produtos químicos e reagentes eram da mais alta pureza possível.

Manutenção do organismo e da cultura

A cultura *Rhizopus arrhizus* NRRL-1510 (inicialmente adquirida no Northern Regional Research Laboratories, Peoria, EUA) foi obtida a partir da reserva disponível do *IIB*. Foi mantida em ágar de extrato de malte com 20 g/l de extrato de malte, 1 g/l de peptona, 20 g/l de dextrose, 15 g/l de ágar, pH 4,8. Inoculou-se uma pequena quantidade de esporos da cultura principal em placas recém-preparadas do mesmo meio. Para o crescimento, as culturas foram incubadas a 30°C durante 3-5 dias até à esporulação máxima. A subcultura foi efectuada de 2 em 2 semanas. As culturas de slant foram armazenadas a 4°C numa câmara frigorífica.

Preparação do inóculo

A suspensão de esporos de *R. arrhizus* NRRL-1510 foi utilizada como inóculo no presente estudo. Dez mililitros de água destilada esterilizada foram adicionados a uma cultura em suspensão com 3-5 dias de idade. Os aglomerados de esporos foram quebrados por uma ansa de arame de inóculo. O tubo foi agitado suavemente até se obter uma suspensão homogénea. Foi utilizado um hemocitómetro para a contagem de esporos e verificou-se que era de $1{,}25*10^6$ CFU/ml a As46~1.

Propagação micelial e fases críticas

Dez gramas de farinha de girassol como substrato sólido foram colocados num Erlenmeyer com capacidade para 250 ml. Este foi humedecido com 15 ml de água destilada. O meio foi autoclavado a uma pressão de 15 Ibs/in (121 °C) durante 15 minutos. Após arrefecimento à temperatura ambiente, foi semeado com 1 ml de suspensão de esporos como inóculo. A incubação foi efectuada numa incubadora arrefecida a 30°C durante um período de 48 h. Todas as experiências de cultura foram realizadas num conjunto de três réplicas paralelas.

Reação microbiológica

Após o período de incubação necessário, foi adicionado ao balão 0,5% de ácido L-ascórbico preparado em 100 ml de tampão acetato (pH 3,5, 50 mM). As reacções foram realizadas aerobicamente a 30°C durante 60 minutos num banho de água com agitação (160 rpm). A amostra foi retirada, filtrada e armazenada a -20°C até nova utilização.

Ensaio enzimático

A atividade da tirosinase (como polifenol oxidase) foi determinada segundo o método de Kandaswami *et al.* (1973). Uma unidade de atividade da tirosinase é igual a um $AA3_{60nm}$ de 0,001 por minuto a pH 6,5 (25°C) numa mistura de reação de 3 ml contendo L-catecol e ácido L-ascórbico. Tampão fosfato de potássio, pH 6,5 (2,6 ml de concentração 50 mM), 0,1 ml de solução 50 mM de L-catecol, 0,1 ml de solução 2,1 mM de ácido L-ascórbico e 0,1 ml de ácido etilenodiamino tetra-acético (EDTA) 0,065 mM foram colocados numa cuvete e misturados. Observou-se um_{360} utilizando um espetrofotómetro de 1 em 1 minuto durante um período de 5 minutos. O filtrado (0,1 ml de solução de ensaio) foi também adicionado à cuvete de reação. Foi também efectuado um controlo paralelo, substituindo o filtrado por 0,1 ml de água destilada. A diminuição da absorvância foi observada em comparação com o controlo e a atividade enzimática foi expressa em U/mg/min utilizando a seguinte fórmula,

$$\text{Enzyme activity (U/mg/min)} = \frac{\Delta A_{360nm}/\text{min test} - \Delta A_{360nm}/\text{min control}}{0.001 \times \text{mg enzyme/reaction mixture}}$$

Condições significativas de fermentação

Vários subprodutos agrícolas, como a farinha de girassol, o bagaço de cereais, a farinha de amêndoa, a farinha de canola, a farinha de soja e a farinha de colza, foram utilizados como substratos sólidos para a produção de uma polifenol oxidase extracelular de *Rhizopus arrhizus* NRRL-1510. O nível de farinha de girassol variou de 2,5-25g. Foram utilizados diferentes agentes humidificantes, incluindo o tampão fosfato (pH 7,2), o tampão acetato (pH 3,5), o tampão fosfato de potássio (pH 6,5), o tampão citrato (pH 4,8) e a água destilada a um nível de 1:1. O nível de tampão de fosfato (considerado ótimo) variou de 5-30 ml. A temperatura de incubação variou entre 25 e 55°C, enquanto as culturas microbianas foram efectuadas de 12 a 96 h. O tampão citrato foi utilizado para a extração de enzimas. Foi também investigado o efeito de diferentes ácidos fracos, incluindo ácido ascórbico, ácido cítrico, ácido nicotínico, ácido casmínico, ácido oxálico e ácido glutâmico.

Condições críticas do ensaio

Foi investigado o efeito de vários microminerais metálicos, incluindo o molibdato de sódio, o acetato de sódio, o metabissulfato de sódio, o sulfato ferroso, o sulfato de lítio e o sulfato de cobre como indutores da polifenol oxidase. Os microminerais não metálicos, como o sulfato de potássio, o hidrogenofosfato dipotássico e o di-hidrogenofosfato de potássio, foram testados como inibidores. Foi também determinado o efeito de diferentes quelantes, incluindo ferrocianato de potássio e ácido etileno diamino tetra acético (EDTA).

Análise estatística

Os efeitos dos tratamentos foram comparados pelo método da diferença menos significativa protegida (Spss-19, versão 6, EUA), segundo Snedecor e Cochran (1980). A diferença de significância entre as réplicas foi apresentada como intervalos múltiplos de Duncan sob a forma de valor de probabilidade (p).

Preparação de lâminas de ágar com extrato de malte e peptona

O extrato de malte (2 g), 0,1 g de peptona e 2 g de dextrose foram dissolvidos em 90 ml de água destilada. O pH foi ajustado para 4,8. Adicionou-se em seguida ágar (1,5 g) e o volume final foi aumentado para 100 ml com água destilada. O meio foi fervido durante 10-15 minutos, sob agitação constante numa placa de aquecimento com agitador magnético. Deitaram-se cerca de 6 ml do meio em tubos de ensaio de vidro separados. Todos os tubos foram tapados com algodão e esterilizados num autoclave a uma pressão de 15 Ib/in (121 °C) durante 15 minutos. A área de superfície foi aumentada inclinando os tubos (num ângulo de cerca de 30°) e deixou-se solidificar a uma temperatura ambiente de 25 °C durante cerca de 15-20 min.

Preparação de diferentes tampões

Tampão de acetato (50 mM, pH 3,5)

Misturou-se ácido acético glacial (46,3 ml de 3,35%) e 3,7 ml de acetato de sódio a 4,1% e o volume foi aumentado para 100 ml com água destilada.

Tampão de fosfato (pH 7,2)

Misturou-se o di-hidrogenofosfato de potássio (39 ml de 2,72%) com 61 ml de di-hidrogenofosfato de potássio a 3,48%.

Tampão de citrato de sódio (10 mM, pH 8,1)

Dissolveu-se citrato trissódico (2,94 g) em água destilada e o volume foi aumentado para 1000 ml com água destilada. O pH foi ajustado a 6 com IN HC1. Adicionou-se então Tween-20 (0,5 ml) e misturou-se bem.

CAPÍTULO 5
RESULTADOS

Avaliação de subprodutos agrícolas como substrato

A produção de polifenoloxidase (PPO) de *Rhizopus arrhizus* NRRL-1510 foi efectuada em fermentação de substrato sólido (SSF) utilizando frascos Erlenmeyer de 250 ml. Diferentes subprodutos agrícolas, incluindo bagaço de mostarda, farinha de amêndoa, farinha de girassol (SFM), farinha de soja (SBM), farinha de canola e farinha de colza, foram avaliados como substrato para a produção de enzimas.

Os resultados são apresentados na Fig. la. A SBM produziu 26,84 U/mg/min de atividade enzimática.

No entanto, a produção máxima de enzimas (30,42 U/mg/min) foi alcançada quando a SFM foi utilizada como substrato.

Por outro lado, a produção enzimática de todos os outros substratos não foi encorajadora. Entre estes, a farinha de canola e a farinha de colza deram uma produção enzimática de 14,72 e 8,16 U/mg/min, respetivamente, que foram significativamente menores ($p<0,05$) em comparação com o ótimo.

O bagaço de sementes de mostarda e a farinha de amêndoa apresentaram a menor quantidade de atividade enzimática, que foi de 6,58 e 2,06 U/mg/min, respetivamente. Noutro conjunto de experiências, diferentes níveis de SFM e SBM foram parcialmente substituídos um pelo outro (8:02, 6:04, 4:06 e 2:08 g).

A atividade enzimática máxima (25,28 U/mg/min) foi observada a 8:02 (Fig. lb). Como a produção máxima de enzima ao substituir parcialmente a SBM por SFM na proporção ideal permaneceu menor em comparação com o substrato único, portanto a SFM como substrato foi optimizada para a produção de enzima.

O efeito de diferentes níveis de SFM como substrato (2,5, 5, 7,5, 10, 12,5, 15, 17,5, 20, 22,5 e 25 g) também foi investigado na produção de enzimas (Fig. lc).

Obteve-se uma produção enzimática de 1,38 U/mg/min quando se utilizaram 2,5 g de girassol. Observou-se um aumento gradual da produção enzimática (4,61 a 33,94 U/mg/min) à medida que o nível de substrato foi aumentado de 5-12,5 g/250 ml de balão.

No entanto, a produção máxima de enzimas foi atingida (36,15 U/mg/min) a 15 g de substrato, que diminuiu para 26,52 U/mg/min a 20 g, 18,85 U/mg/min a 22,5 g e 9,05 U/mg/min a 25 g do substrato. Por conseguinte, 15 g de farinha de girassol como substrato foi optimizado para a produção de enzimas nos parâmetros subsequentes.

Fig. la: Efeito de diferentes subprodutos como substrato para a produção de PPO de *R. arrhizus* NRRL-1510.

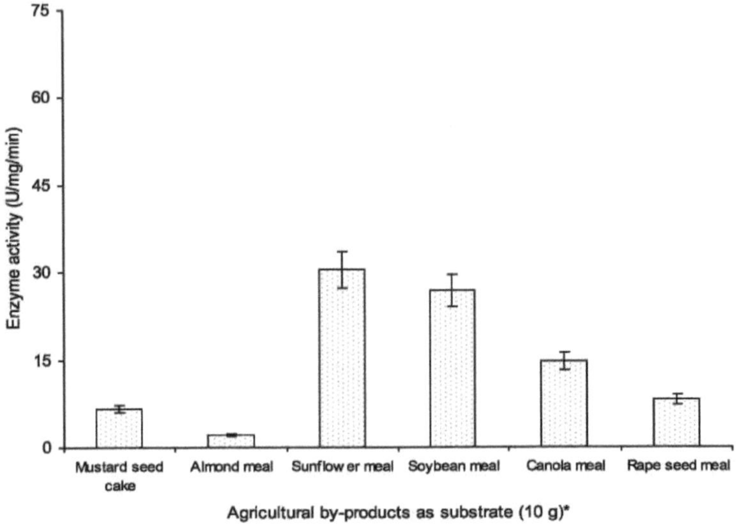

A incubação foi efectuada a 30°C durante 72 h, utilizando água destilada a pH 7 como agente humidificante e 100 ml de tampão acetato como extrato enzimático. Foi adicionado ácido ascórbico (0,5%) ao meio de ensaio como indutor de enzimas.

As barras Y mostram o desvio padrão (±sd) entre as três réplicas paralelas. Cada valor médio difere significativamente a um nível de p≤0,05.

Fig. lb: Substituição parcial de SFM por SBM como substrato para a produção de PPO de *R. arrhizus* NRRL-1510.

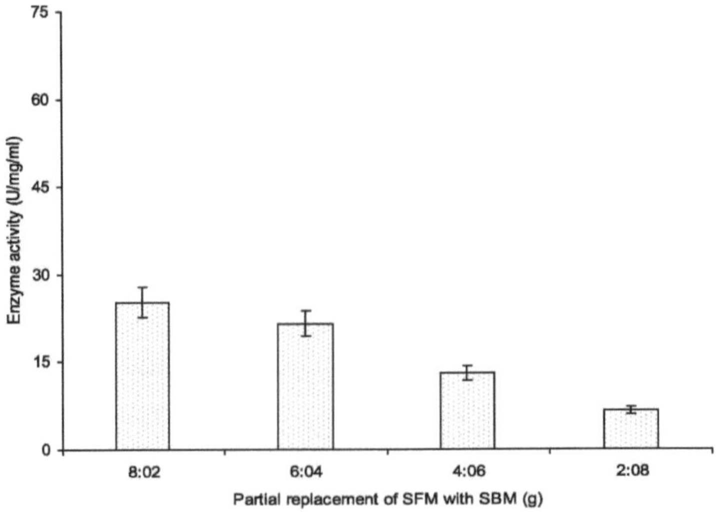

A incubação foi efectuada a 30°C durante 72 h, utilizando água destilada a pH 7 como agente humidificante e tampão acetato (100 ml) como extrato enzimático. O ácido ascórbico (0,5%) foi adicionado ao meio de ensaio como indutor de enzimas.

As barras Y mostram o desvio padrão (±sd) entre as três réplicas paralelas. Cada valor médio difere significativamente a um nível de $p \leq 0,05$.

Fig. lc: Efeito de diferentes níveis de SFM como substrato para a produção de PPO de *R. arrhizus* NRRL-1510.

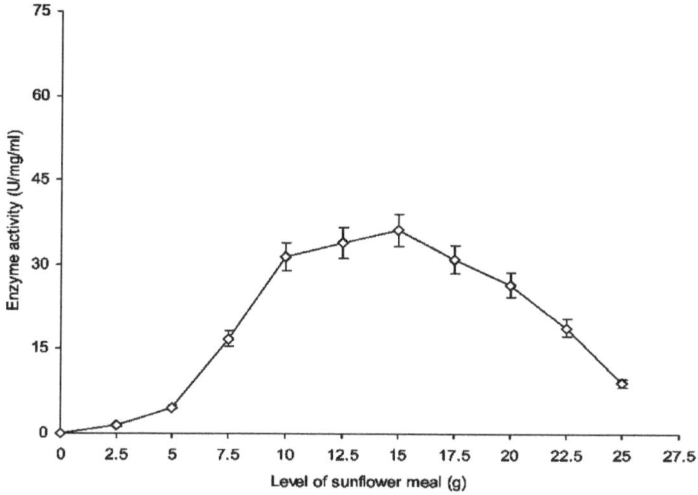

A incubação foi efectuada a 30°C durante 72 h, utilizando água destilada a pH 7 como agente humidificante e tampão acetato (100 ml) como extrato enzimático. O ácido ascórbico (0,5%) foi adicionado ao meio de ensaio como indutor de enzimas.

As barras Y mostram o desvio padrão (±sd) entre as três réplicas paralelas. Cada valor médio difere significativamente a um nível de $p \leq 0,05$.

Efeito do teor de humidade inicial

Foi realizado o efeito de diferentes teores de humidade inicial na produção de PPO de *R. arrhizus* NRRL-1510 sob SSF em frascos Erlenmeyer de 250 ml. Os diluentes, incluindo água destilada (pH 7), tampão de fosfato (pH 7,2), tampão de acetato (pH 3,5) e tampão de citrato de sódio (pH 8,1) foram adicionados a um nível de 15 ml/15 g de substrato, ou seja, na proporção de 1:1. Os resultados estão representados na Fig. 2a. O tampão acetato como agente humidificante não foi considerado eficaz para a produção de enzimas (23,46 U/mg/min). Da mesma forma, a produção de enzimas pelo tampão citrato de sódio ou pelo tampão fosfato também não foi encorajadora ($p<0,05$). No entanto, a produção máxima de enzimas foi obtida com água destilada (38,32 U/mg/min).

A Fig. 2b mostra uma comparação do efeito de diferentes níveis de água destilada e tampão de fosfato como teor de humidade inicial (5, 10, 15, 20, 25 e 30 ml) na produção de PPO. A produção foi menos eficaz a partir de 5-15 ml de água destilada. Verificou-se um aumento acentuado da produção (42,68 U/mg/min) quando se utilizaram 20 ml de água destilada para humedecer 15 g de SFM. Para além do nível ótimo, a produção de enzimas diminuiu (31,55 U/mg/min a 30 ml de diluente). Assim, 20 ml de água destilada foram optimizados para a produção de enzimas.

Fig. 2a: Efeito de diferentes agentes humidificadores na produção de PPO de *R.*

arrhizus NRRL-1510.

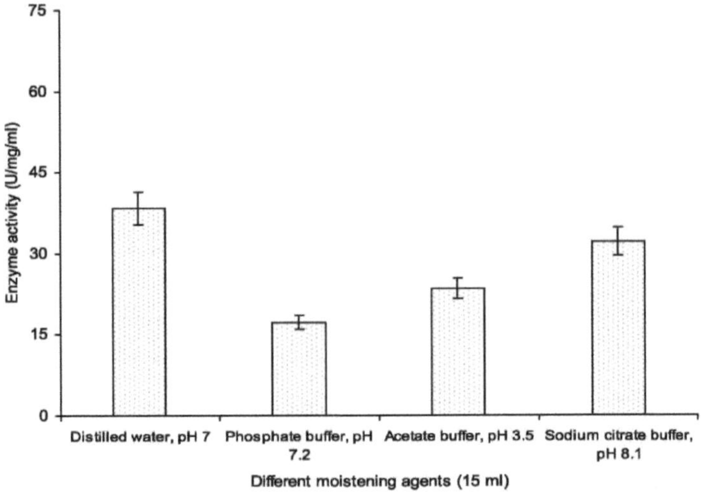

A incubação foi efectuada a 30°C durante 72 h. utilizando 15 g de SFM como substrato e 100 ml de tampão acetato como extrato de enzima. O ácido ascórbico (0,5%) foi adicionado ao meio de ensaio como indutor de enzimas.

As barras Y mostram o desvio padrão (±sd) entre as três réplicas paralelas. Cada valor médio difere significativamente a um nível de p≤0,05.

Fig. 2b: Comparação do efeito da água destilada e do tampão fosfato como agentes humidificadores na produção de PPO de *R. arrhizus* NRRL-1510.

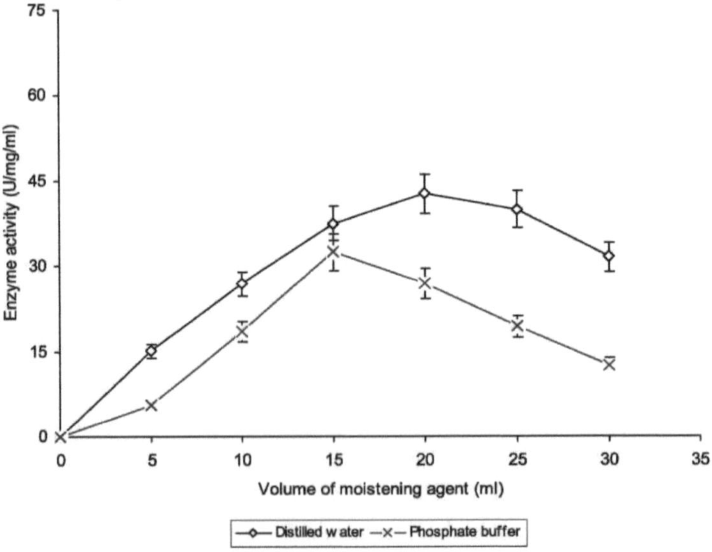

A incubação foi efectuada a 30°C durante 72 h. Utilizando 15 g de SFM como substrato e 100 ml de tampão acetato como extrato de enzima. Foi adicionado ácido ascórbico (0,5%) ao meio de ensaio como indutor de enzimas.

As barras Y mostram o desvio padrão (±sd) entre as três réplicas paralelas. Cada valor médio difere significativamente a um nível de $p \leq 0,05$.

Taxa de produção de polifenol oxidase

Na Fig. 3 está representada a taxa de produção de PPO de *R. arrhizus* NRRL-1510 em frasco Erlenmeyer de 250 ml sob SSF. O tempo de incubação foi variado de 12-96 h após a inoculação. Inicialmente, às 12 h de incubação, foi atingida uma atividade enzimática de 3,52 U/mg/min. A produção de enzimas no mosto fermentado aumentou gradualmente com o aumento do período de incubação de 24-60 h. No entanto, os melhores resultados (49,16 U/mg/min) em termos de produção de enzimas foram alcançados num período de incubação de 72 h. Depois, a produção de enzimas diminuiu gradualmente (84-96 h), tornando-se muito baixa 39,56 U/mg/min às 96 h de incubação. Por conseguinte, o período de incubação de 72 h foi optimizado para a produção de enzimas.

Fig. 3: Tempo de incubação para a produção de PPO de *R. arrhizus* NRRL-1510.

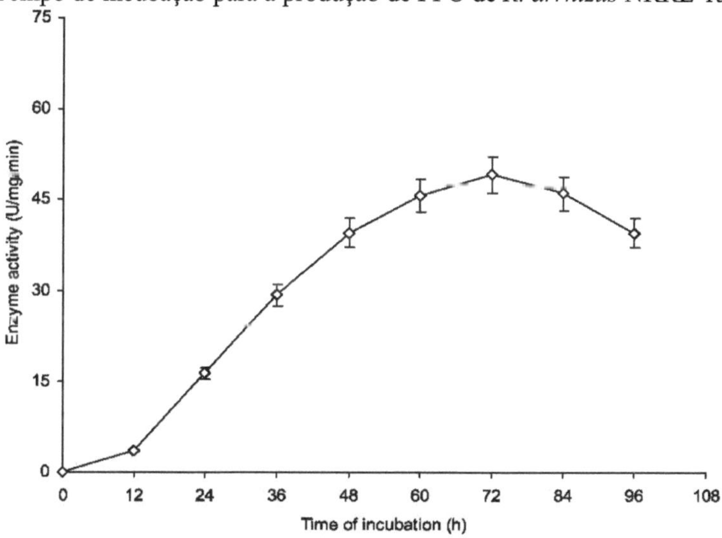

A incubação foi efectuada a 30°C utilizando 20 ml de água destilada como agente humidificante e 15 g de SFM como substrato e 100 ml de tampão acetato como extrato enzimático. Foi adicionado ácido ascórbico (0,5%) ao meio de ensaio como indutor de enzimas.

As barras Y mostram o desvio padrão (±sd) entre as três réplicas paralelas. Cada valor médio difere significativamente a um nível de $p \leq 0,05$.

Efeito da temperatura de incubação

A incubação foi efectuada a várias temperaturas (20, 25, 30, 35, 40, 45, 50 e 55°C), mantendo todas as outras condições nos seus níveis óptimos. Os resultados são apresentados na Fig. 4. A 20°C, a atividade enzimática foi de 26,82 U/mg/min. Aumentou com o aumento da temperatura e atingiu o máximo (48,62 U/mg/min) a 30°C. À medida que a temperatura foi aumentada até 45°C, observou-se uma ligeira diminuição na produção de enzimas (29,68 U/mg/min). Depois disso, foi gradualmente reduzida para 20,12 U/mg/min e, em seguida, diminuiu drasticamente para 9,48 U/mg/min a uma temperatura mais elevada, como 55°C. Assim, 30°C foi selecionada como a melhor temperatura para estudos posteriores.

Fig. 4: Efeito da temperatura de incubação na produção de PPO de *R. arrhizus* NRRL-1510.

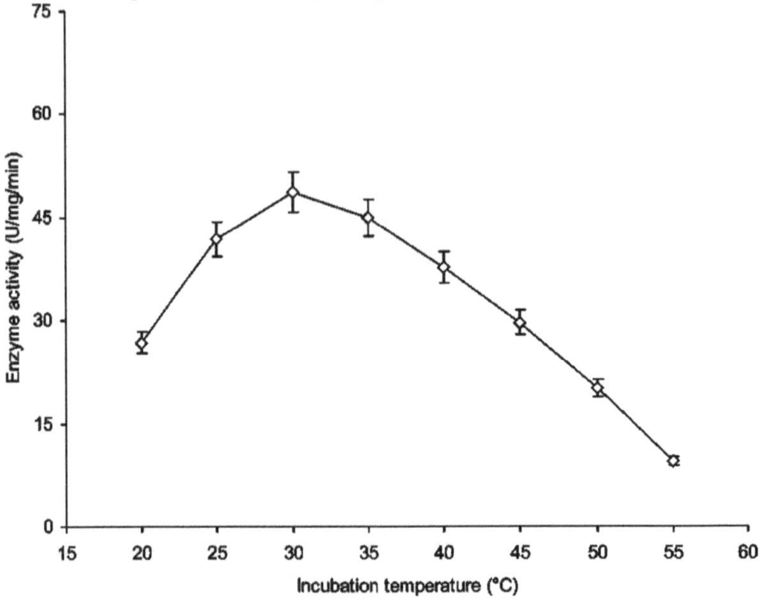

A incubação foi efectuada durante 72 h, utilizando 20 ml de água destilada como agente humidificante e 15 g de farinha de girassol como substrato e 100 ml de tampão acetato como extrato enzimático. Foi adicionado ácido ascórbico (0,5%) ao meio de ensaio como indutor de enzimas.

As barras Y mostram o desvio padrão (±sd) entre as três réplicas paralelas. Cada valor médio difere significativamente a um nível de $p \leq .05$.

Efeito dos tampões de extração na extração de enzimas

A extração da PPO foi efectuada adicionando 100 ml de diferentes tampões de extração (tampão fosfato, pH 7,2; tampão acetato, pH 3,5 e tampão citrato de sódio, pH 8,1) em cada frasco de cultura de mosto fermentado individualmente. O nível foi ajustado para frascos Erlenmeyer de 100 ml/250 ml para cada extrato. A Fig. 5a destaca os resultados. A extração da enzima não foi encorajadora com acetato (49,36 U/mg/min) ou tampão fosfato (36,64 U/mg/min). No entanto, a extração máxima foi alcançada (63,92 U/mg/min) utilizando o tampão citrato de sódio como agente de extração.

Na Fig. 5b está representado o efeito do nível de tampão de citrato de sódio como agente de extração ótimo na produção de PPO. O nível variou de 25-200 ml para frascos separados. A 25 ml, a atividade enzimática foi de 12,26 U/mg/min. Aumentou à medida que o volume de tampão de citrato de sódio foi aumentando e atingiu o máximo (64,55 U/mg/min) a 100 ml. Depois disso, a atividade enzimática foi gradualmente reduzida para 52,94 U/mg/min a 150 ml e depois diminuiu drasticamente para 25,02 U/mg/min a volumes mais elevados, como 200 ml. Assim, 100 ml foi selecionado como o melhor nível de tampão de citrato de sódio.

Fig. 5a: Efeito de diferentes tampões de extração na produção de PPO de *R. arrhizus* NRRL-1510.

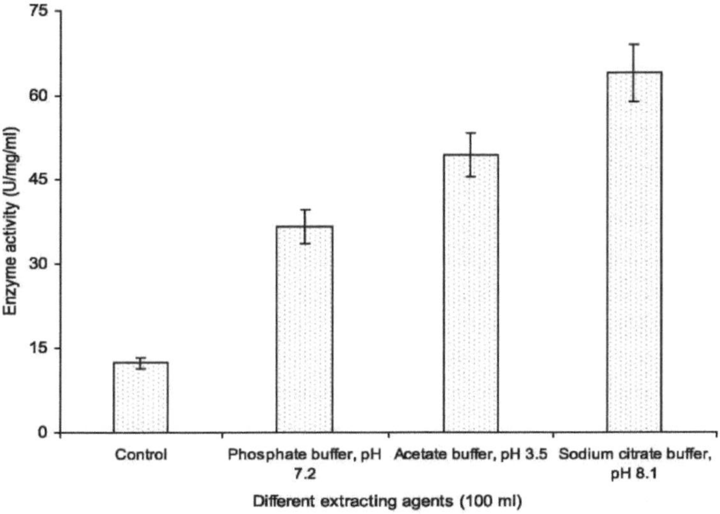

A incubação foi efectuada a 30°C durante 72 h, utilizando 20 ml de água destilada como agente humidificante e 15 g de farinha de girassol como substrato. O ácido ascórbico (0,5%) foi adicionado ao meio de ensaio como indutor de enzimas.

As barras Y mostram o desvio padrão (±sd) entre as três réplicas paralelas. Cada valor médio difere significativamente a um nível de $p \leq 0,05$

Fig. 5b: Efeito de diferentes níveis de tampão citrato de sódio como agente de extração para a produção de *R. arrhizus* NRRL-1510.

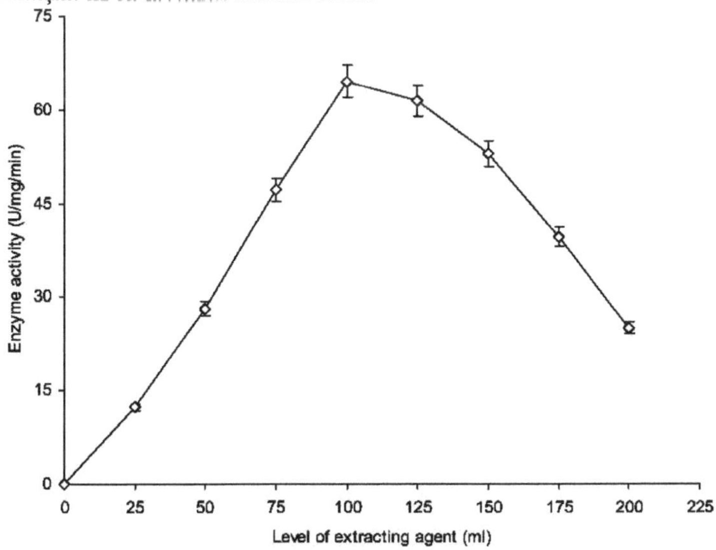

A incubação foi efectuada a 30°C durante 72 h, utilizando 20 ml de água destilada como agente humidificante e 15 g de SFM como substrato. O ácido ascórbico (0,5%) foi adicionado ao meio de ensaio como indutor de enzimas.

As barras Y mostram o desvio padrão (±sd) entre as três réplicas paralelas. Cada valor médio difere significativamente a um nível de $p \leq 0,05$.

Efeito dos ácidos orgânicos fracos na atividade enzimática

Foi realizado o efeito de diferentes ácidos fracos na atividade da polifenol oxidase produzida a partir de *R. arrhizus* NRRL-1510. Os ácidos fracos, incluindo o ácido ascórbico, o ácido nicotínico, o ácido cítrico, o ácido oxálico, o ácido casmínico e o ácido glutâmico, foram avaliados a um nível de 0,5%. Os resultados são apresentados na Fig. 6a. A atividade enzimática não foi considerada encorajadora (29,98 U/mg/min) com o ácido nicotínico. A utilização de casmino e de ácido glutâmico foi a menos eficaz, apresentando 46,88 e 51,85 U/mg/min de atividade enzimática, respetivamente. No entanto, a atividade enzimática máxima foi obtida com o ácido oxálico (81,22 U/mg/min), o que foi significativamente encorajador ($p<0,05$).

Na Fig. 6b está representado o efeito do nível de ácido oxálico na atividade melhorada da PPO. O nível foi variado para 0,25, 0,5, 0,75, 1, 1,25 e 1,5 g em frascos separados. A 0,25 ml de ácido oxálico, a atividade enzimática manteve-se em 42,16 U/mg/min. A atividade enzimática mais elevada (80,95 U/mg/min) foi atingida com 0,5 g de ácido. Verificou-se um declínio acentuado da atividade (61,72 para 31,55 U/mg/min) quando foram utilizados níveis mais elevados (1-1,5 ml). Assim, 0,5 % de ácido oxálico foi optimizado para a atividade enzimática nos estudos subsequentes.

Fig. 6a: Efeito de ácidos orgânicos fracos como indutor da atividade da PPO de *R. arrhizus* NRRL-1510.

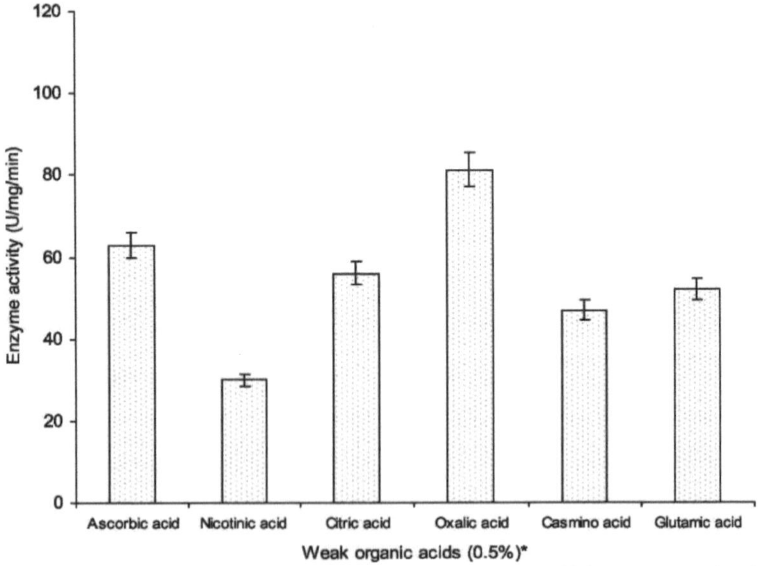

A incubação foi efectuada a 30°C durante 72 h, utilizando 20 ml de água destilada como agente humidificante e 15 g de farinha de girassol como substrato e 100 ml de tampão de citrato de sódio como extrato enzimático. As barras Y mostram o desvio padrão (±sd) entre as três réplicas paralelas. Cada valor médio difere significativamente a um nível de p≤0,05.

Fig. 6b: Efeito de diferentes níveis de ácido oxálico na atividade da PPO de *R. arrhizus* NRRL-1510.

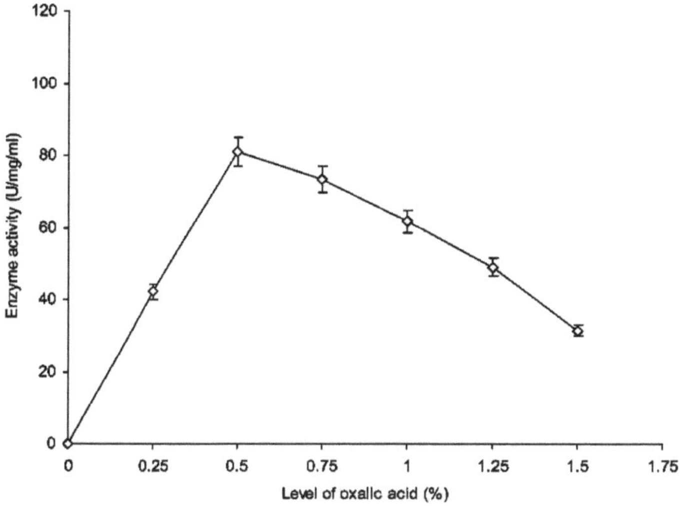

A incubação foi efectuada a 30°C durante 72 h, utilizando 20 ml de água destilada como agente humidificante, 15 g de SFM como substrato e 100 ml de tampão citrato de sódio como extrato enzimático.

As barras Y mostram o desvio padrão (±sd) entre as três réplicas paralelas. Cada valor médio difere significativamente a um nível de p≤0,05

Efeito de indutores, inibidores e microminerais na atividade enzimática

Foram testados vários microminerais metálicos (molibdato de sódio, cloreto de cobalto, acetato de sódio, sulfato de cobre e sulfato ferroso) a um nível de 0,1% para aumentar a atividade da PPO produzida a partir de *R. arrhizus* NRRL-1510 sob SSF. Os resultados são apresentados na Fig. 7a. O efeito do sulfato de cobre e do sulfato ferroso na atividade enzimática não foi encorajador (p<0,05). Verificou-se que a atividade enzimática era a mais elevada (95,56 U/mg/min) com acetato de sódio. O molibdato de sódio apresentou a menor atividade (51,4 U/mg/min). Por conseguinte, o acetato de sódio foi considerado ótimo. Foram também testados vários microminerais não metálicos (sulfato de potássio, di-hidrogenofosfato de potássio e hidrogenofosfato dipotássico) a um nível de 0,05% na atividade enzimática de *R. arrhizus* NRRL-1510. Os resultados estão representados na Fig. 7b. O hidrogenofosfato dipotássico revelou 50,28 U/mg/min. No entanto, a atividade enzimática foi mais elevada no caso do sulfato de potássio (102,58 U/mg/min). O di-hidrogenofosfato de potássio foi o menos eficaz (43,04 U/mg/min).

Foi avaliado o efeito de vários quelantes e inibidores (EDTA, hexacianoferrato de potássio e SDS) na atividade da PPO. O nível foi mantido a 0,01% para cada ensaio separado. A Fig. 7c destaca os resultados. O hexacianoferrato de potássio proporcionou uma atividade de 40,86 U/mg/min. No entanto, a atividade enzimática máxima (108,65 U/mg/min) foi encontrada com EDTA, que foi significativamente mais elevada (p≤0,05) do que o controlo. O SDS inibiu fortemente (22,24 U/mg/min) a atividade enzimática.

Fig. 7a: Efeito de diferentes microminerais metálicos na atividade da PPO de *R. arrhizus* NRRL-1510.

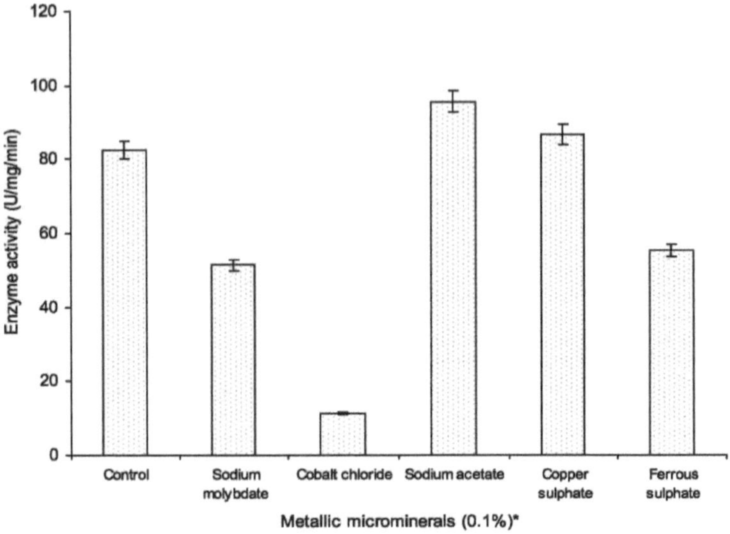

A incubação foi efectuada a 30°C durante 72 h, utilizando 20 ml de água destilada como agente humidificante, 15 g de farinha de girassol como substrato e 100 ml de tampão de citrato de sódio como extrato enzimático. O ácido oxálico (0,5%) foi adicionado ao meio de ensaio como indutor de enzimas.

As barras Y mostram o desvio padrão (±sd) entre as três réplicas paralelas. Cada valor médio difere significativamente a um nível de $p \leq 0{,}05$.

Fig. 7b: Efeito de diferentes microminerais não metálicos na atividade da PPO de *R. arrhizus* NRRL-1510.

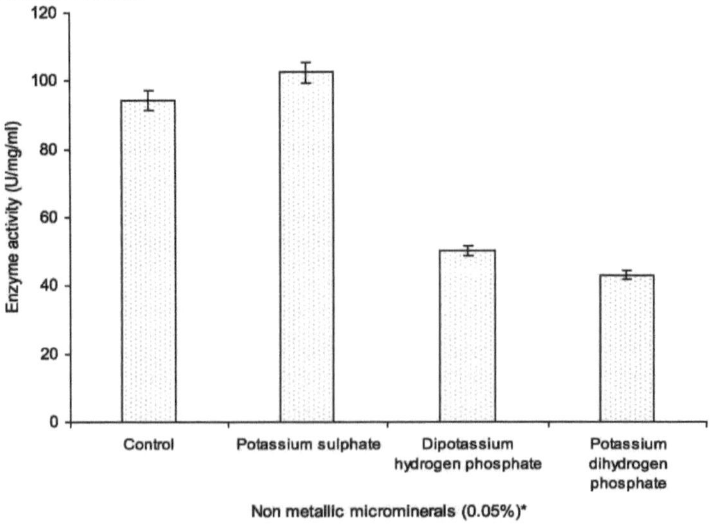

A incubação foi efectuada a 30°C durante 72 h, utilizando 20 ml de água destilada como agente humidificante,

15 g de SFM como substrato e 100 ml de tampão de citrato de sódio como extrato enzimático. O ácido oxálico (0,5%) foi adicionado ao meio de ensaio como indutor de enzimas.

As barras Y mostram o desvio padrão (±sd) entre as três réplicas paralelas. Cada valor médio difere significativamente a um nível de p≤0,05.

Fig. 7c: Efeito de diferentes quelantes e inibidores na atividade da PPO de *R. arrhizus* NRRL-1510.

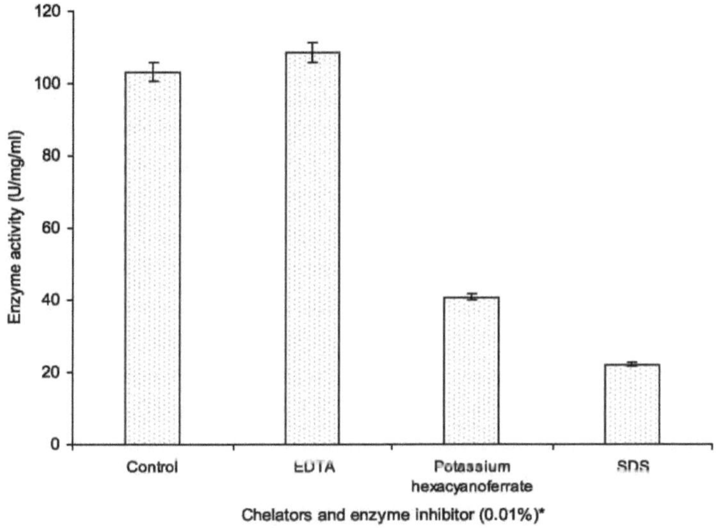

A incubação foi efectuada a 30°C durante 72 h, utilizando 20 ml de água destilada como agente humidificante, 15 g de SFM como substrato e 100 ml de tampão de citrato de sódio como extrato enzimático. O ácido oxálico (0,5%) foi adicionado ao meio de ensaio como indutor de enzimas.

As barras Y mostram o desvio padrão (±sd) entre as três réplicas paralelas. Cada valor médio difere significativamente a um nível de p≤0,05.

CAPÍTULO 6

DISCUSSÃO

A produção de polifenoloxidase (PPO) de *Rhizopus arrhizus* NRRL-1510 foi efectuada em fermentação de substrato sólido (SSF) utilizando frascos Erlenmeyer de 250 ml. Diferentes subprodutos agrícolas, incluindo bagaço de mostarda, farinha de amêndoa, farinha de girassol (SFM), farinha de soja (SBM), farinha de canola e farinha de colza, foram avaliados como substrato para a produção de enzimas. A SFM foi considerada óptima. Tal deveu-se ao crescimento ótimo dos fungos na SFM, que continha quantidades adequadas de elementos de carbono, azoto e potássio, juntamente com outros nutrientes essenciais, como a glucose. Em contraste com o presente estudo, Marques *et al.* (2002) estudaram a produção de PPO por uma estirpe de *Pleurotus pulmonarius* em SSF, utilizando farelo de trigo como substrato. Noutras investigações úteis, Ogel *et al.* (2006) produziram fenol oxidase extracelular a partir de *Scytalidium thermophilum*, cultivando-a em meio contendo glucose, enquanto Halaouli *et al.* (2005) efectuaram a produção de tirosinase a partir de basidiomicetos utilizando a técnica de fermentação submersa (SmF). No presente estudo, a produção máxima de enzima (36,15 U/mg/min) foi atingida com 15 g de substrato, o que se deveu à disponibilidade de níveis óptimos de nutrientes de crescimento. A um nível de substrato mais elevado, a produção enzimática mais baixa deveu-se à repressão do catabolito do carbono, tal como referido por Marques *et al.* (2002).

O efeito do teor de humidade inicial na produção de PPO de *R. arrhizus* NRRL-1510 também foi avaliado. Os diluentes, incluindo água destilada (pH 7), tampão de fosfato (pH 7,2), tampão de acetato (pH 3,5) e tampão de citrato de sódio (pH 8,1) foram adicionados a um nível de 15 ml/15 g de substrato. A produção enzimática máxima foi obtida com água destilada (38,32 U/mg/min). O aumento da produção enzimática devido à substituição dos tampões de fosfato e acetato por água destilada deveu-se à incorporação da proporção correta de nutrientes adicionais no substrato sólido. A baixa atividade com outros agentes humidificantes deveu-se à incapacidade do organismo para se aclimatar com o nível nutricional desequilibrado (Sumanta *et al.*, 2005). No presente estudo, 15 ml de água destilada como diluente proporcionaram uma atividade enzimática óptima. Em níveis baixos de água destilada, a atividade enzimática permaneceu baixa, provavelmente devido à solubilidade fraca e à menor disponibilidade de nutrientes para o organismo, tal como referido por Ogle *at al.* (2006). Sabe-se que um elevado teor de humidade afecta a difusão de O_2 no substrato, bem como causa o encharcamento do substrato (Chisti 1999). Isto foi confirmado quando a produção de enzima diminuiu (17,25 U/mg/min) a um nível de 20-25 ml de diluente. Agrawal *et al.* (2004) também registaram resultados semelhantes.

Foi avaliada a taxa de produção de PPO de *R. arrhizus* NRRL-1510 em frascos Erlenmeyer de 250 ml sob SSF. Foi obtida uma atividade enzimática de 49,16

U/mg/min 72 h após a inoculação de conídios, o que corrobora as conclusões de Krishnaveni *et al.* (2009), que relataram uma atividade óptima de tirosinase num tempo de incubação de 72 h e a uma temperatura de 25°C. No presente estudo, a produção de enzima diminuiu para além do tempo ótimo de incubação e tornou-se muito baixa (39,56 U/mg/min) às 96 h de incubação. Este declínio acentuado na produção de enzimas após 72 h deveu-se à exaustão de nutrientes e à cessação do crescimento fúngico na cultura de mosto fermentado, o que resultou na inativação da enzima, tal como referido por Panday (2003), que também salientou que a escassez de nutrientes causa o aborto do crescimento fúngico e a subsequente produção de metabolitos. A baixa atividade enzimática pode ser atribuída à inativação da enzima por metabolitos tóxicos ou inibidores produzidos em fases posteriores da fermentação em cultura descontínua (Paranthaman *et al.,* 2009).

A incubação foi efectuada a várias temperaturas (20, 25, 30, 35, 40, 45, 50 e 55°C), mantendo todas as outras condições nos seus níveis óptimos. A produção enzimática máxima de 48,62 U/mg/min foi observada a 30°C devido ao crescimento ótimo dos micélios no meio de cultura. Qualquer variação na temperatura acima ou abaixo do ótimo leva a um declínio na produção de enzimas devido à natureza mesófila do fungo, tal como referido por Sumantha *et al.* (2005). Toshiteru *et al.* (1991) realizaram a produção de enzimas e a sua extração a partir de micélios do *Aspergillus oryzae* a uma temperatura que variava entre 30-40°C. No presente estudo, a uma temperatura mais elevada, como 40°C, a produção de enzima foi afetada negativamente (37,74 U/mg/min), o que foi economicamente insignificante ($p<0,05$). Isto deveu-se à desnaturação da enzima com a perda de locais de ligação activos, o que acabou por conduzir a uma perturbação do crescimento micelial e, subsequentemente, a uma diminuição do nível de atividade enzimática (Katsuji e Isao, 1974).

A extração da PPO foi efectuada adicionando diferentes tampões de extração, incluindo o tampão fosfato (pH 7,2), o tampão acetato (pH 3,5) e o tampão citrato de sódio (pH 8,1) a cada cultura de mosto fermentado separadamente. O tampão citrato de sódio proporcionou uma atividade enzimática máxima devido ao facto de permitir uma melhor interação entre as fases líquida e sólida, o que promoveu a extração óptima da tirosinase nas condições especificadas. Jeon *et al.* (2005) também efectuaram estudos semelhantes. Em contrapartida, Balaji e Ebenezer (2008) utilizaram um tampão de fosfato como agente de extração, enquanto Pera *et al.* (2006) salientaram a utilização de água destilada como agente de extração da enzima. Noutro estudo, Haq *et al.* (2002) exploraram o tampão de acetato para a produção de L-dopa a partir de L-tirosina em cultura líquida.

Na presente investigação, foi também determinado o efeito de diferentes ácidos orgânicos fracos na atividade da PPO produzida a partir de *R. arrhizus* NRRL-1510. Os ácidos fracos incluíam o ácido L-ascórbico, o ácido nicotínico, o ácido cítrico, o ácido oxálico, o ácido casmino e o ácido glutâmico. Sharmilla e Arati (1990) avaliaram o efeito do ácido L-ascórbico e de outros antioxidantes relacionados nas tirosinases produzidas a partir de *Aspergillus terreus*. No presente trabalho, o ácido oxálico produziu uma atividade enzimática máxima devido ao seu maior potencial de atuação como indutor de enzimas, em comparação com a suplementação de nutrientes necessária para o organismo microbiano. No entanto, a atividade foi fortemente inibida com ácido L-ascórbico. O trabalho está em contradição com as conclusões de Winters *et al.* (2008) que salientaram que a inclusão de ácido L-ascórbico aumentou a extensão com que uma proteína como a L-tirosina é decomposta, resultando na diminuição da atividade da tirosinase. A tirosinase na presença de ácido ascórbico desenvolveu um período de atraso que afectou negativamente a atividade enzimática, tal como referido nas conclusões de Haghbeen e Tan (2002).

Foram testados vários microminerais metálicos (molibdato de sódio, cloreto de cobalto, acetato de sódio, sulfato de cobre e sulfato ferroso) para aumentar a atividade da PPO produzida a partir de *R. arrhizus* NRRL-1510 sob SSF. O acetato de sódio apresentou uma atividade máxima, uma vez que os iões minerais estavam disponíveis para atuar como cofactores da enzima.

No entanto, Dariush *et al.* (2007) utilizaram molibdato de sódio juntamente com outros ingredientes na mistura de reação. O objetivo era avaliar de forma óptima a atividade enzimática. Foi também avaliada a influência de vários microminerais não metálicos na atividade da PPO. A atividade máxima (102,58 U/mg/min) foi obtida com sulfato de potássio, o que possivelmente se deveu ao seu potencial relacionado com o crescimento e à necessidade de estabilidade da enzima em condições não óptimas. A presença de $K\ HPO_{24}$ e $KH_2\ PO_4$ deu origem a um nível intermédio ou reduzido de produção enzimática na mistura de reação, que foi competitiva entre si. Em contraste com o presente estudo, Haneda *et al.* (1973) utilizaram $K\ HPO_{24}$ no meio de cultura como única fonte de potássio.

Foi investigado o efeito de quelantes e inibidores, incluindo o ácido etileno diamina tetra acético (EDTA), o dodecil sulfato de sódio (SDS) e o hexacianoferrato de potássio [$K_4\ Fe(CN)_6$] na atividade enzimática. A atividade enzimática mais elevada (108 U/mg/min) foi obtida na presença de EDTA, indicando a total dependência da enzima em relação aos iões metálicos, tal como referido por Aulde (1992). Observou-se que a atividade enzimática era nitidamente inferior (40,86 U/mg/min) na presença de $K_4\ Fe(CN)_6$. No entanto, o controlo (sem qualquer quelante ou inibidor) deu 103,16 U/mg/min. A utilização de SDS diminuiu ainda mais a atividade (22,24 U/mg/min) devido à sua forte inibição da enzima na mistura de reação. Esta diminuição da atividade foi atribuída à alteração da conformação da molécula de enzima, que provoca uma ligação ineficaz com as moléculas de substrato. Noutro estudo, Selles *et al.* (2007) investigaram o detergente aniónico (SDS) que inibiu a PPO a pH 4,5, o que se deveu à alteração alcalina do pH acompanhada de alterações na conformação das proteínas intrínsecas.

CAPÍTULO 7
CONCLUSÃO

No presente estudo, a produção de uma nova polifenol oxidase extracelular (PPO) de *Rhizopus arrhizus* NRRL-1510 foi investigada por fermentação em substrato sólido (SSF). A farinha de girassol (SFM) foi selecionada como o substrato adequado quando humedecida com água destilada. Após a otimização das condições culturais, tais como a temperatura, o tempo de incubação, o teor de humidade inicial e o indutor enzimático, conseguiu-se uma melhoria global de mais de 3,5 vezes na atividade da PPO. O acetato de sódio e o sulfato de potássio foram considerados microminerais metálicos e não metálicos adequados, respetivamente. A descoberta notável foi a adição de ácido etileno diamina tetra acético (EDTA) como quelante que levou a produção de enzima a um máximo de 108,65 U/mg/min, o que foi altamente significativo ($p<0,05$). Este é talvez o primeiro relatório sobre a produção de PPO de *R. arrhizus* sob SSF. No entanto, para a exploração comercial, é necessário um trabalho mais aprofundado sobre a caraterização bioquímica e a estabilidade da enzima a partir de culturas de fungos termofílicos, antes de se efectuarem estudos de aumento de escala.

CAPÍTULO 8
REFERÊNCIAS

Ali, S., Shultz, J.L., Haq, L, 2007. Transformação microbiológica de alto desempenho de L-tirosina em L-dopa por *Yarrowia lipolytica* NRRL-143. BMC Biotechnol.7, 50.

Agrawal, D., Patidar, P., Banerjee, T., Patil, S., 2004. Produção de protease alcalina por *Penicillium sp.* em condições SSF e sua aplicação à hidrólise de proteínas. Proc.Biochem. 39, 977-981

António S., Amat., Francisco, S., 1997. A polifenol oxidase pluripotente da marinha melanogénica *Alteromonas sp.* partilha as capacidades catalíticas das tirosinases e laccases, Biochemical and Biophysical Research Communications. 3, 787-792.

Aulde, B.B., 1992. Produção em massa, formulação e aplicação de fungos como agentes biocontrolo. CAB Int., 12, 219-229.

Balaji, V., Ebenezer, P., 2008. Otimização da produção de lipase extracelular em Colletotrichum gloeosporioides por fermentação em estado sólido. Jornal Indiano de Ciência e Tecnologia. 1, 1-7.

Bose S., Mazumder S., Mukherjee M., 2007. Laccase production by the white-rot fungus Termitomyces clypeatus. J Basic Microbiol. 47, 127-31. Instituto Indiano de Biologia Química, Calcutá, Índia

Bull, A.T., Carter, B.L.A., 1973. The Isolation of tyrosinase from *Aspergillus nidulans,* its kinetic and molecular properties and some considerations of its activity in vivo. J. Gen. Microbiol. 75, 61-73.

Carter, B.L., Bull, T., 2004. Estudos do crescimento fúngico e do metabolismo do carbono intermediário em condições de estado estacionário e não estacionário. Biotechnol. Bioengin. 11, 785-804.

Carvalho. G.M., Alves, T.L., Frire, D.M., 2000. Produção de L-dopa por tirosinase imobilizada. Appl. Biochem. Biotechnol. 84-86, 791-800.

Chiacchierini, E., Restuccia, D., Vinci, G., 2004. Biorremediação de efluentes da indústria alimentar: aplicações recentes de polifenol oxidases livres e imobilizadas. Food Sci. Technol. 10, 373-382.

Chisti Y., Sharma, R., Banerjee, C.U., 2001. Production, purification, characterization, and applications of lipase. Biotechnology Advances. 19, 627- 662.

Christopher, J.C., Garratt, P.J., Land, E.J., Pavel, S., Ramsden, C.A., Riley, R.A., Smit, N.P.M., 1997. Evidência da formação indireta do substrato intermediário catecólico responsável pela cinética de auto-ativação da tirosinase. Biol. Chern. 272, 26226-26235.

Claus, H., Deeker, H., 2006. Bacterial tyrosinases. Appl. Microbiol. 29, 3-14.

Dariush, N., Akbarzadeh, A., Mirdamadi, S., Khetami, S., Farhangi, A., Imobilização de tirosinase de cogumelo por diferentes métodos para transformar L-tirosina em

L-dopa. 2007. Rede Asiática de Biotecnologia de Informação Científica. 6, 436-439.

Davis, N.D., Blevins, W.T., 1979. Métodos de fermentação em laboratório. Microbiol. Technol. 13, 303-327.

Decker, H., Tuczek, F., 2000. Atividade tirosinase/catecoloxidase da hemocianina: base estrutural e mecanismo molecular. Trends Biotechnol. 25, 392-397.

Dion. W.M., 1952. Produção e propriedades de uma polifenol oxidase do fungo *Polyporus versicolors*. Can. Bot. 30, 9-21.

Donald, A.R., Gutteridge, S., 2009. Composição polipeptídica de duas tirosinases fúngicas. Enzym. Microbial. Technol. 44, 1-10.

Duran, N., Esposito, E., 2000. Potenciais aplicações de enzimas oxidativas e compostos semelhantes à fenoloxidase no tratamento de águas residuais e solos. Appl. Catalys Environ. 28, 83-99.

Ellosiah, P., Rama, D.M., 1989. Estudos sobre a síntese microbiana de L-dopa a partir de L-tirosina. 26, 434-437.

Feiedberg, F., Hayden, G.A., 1963. Irradiação gama de polipéptidos, transformação de aminoácidos. Sei. 140, 825-826.

Fenoll, L.G., Penalver, M.J., Rodriguez-Lopez, J.N., Varon, R., Garcia-Canovas, F., Tudela, J., 2004. Cinética da tirosinase: discriminação entre dois modelos para explicar o mecanismo de oxidação dos stubstratos de monofenol e difenol. Biochem & Cell Biol. 36, 235-246.

Fenoll, L.G., Rodriguez, J.N., Garcia-Molina, F., Garcia-Canovas, F., Tudela, J., 2002. Constantes de Michel da tirosinase de cogumelos em relação ao oxigénio na presença de monofenóis e difenóis. Int. Biochem. Cell Biol. 34, 332-336.

Gaius, Justyna, N., Dariusz, O., Emir, Sajjad, Krzysztof, W., Jarosaw, J., 2010. Fluvastatin increases tyrosinase synthesis induced by-melanocyte-stimulating hormone in B16F10 melanoma cells by institute of pharmacology polish academy of sciences. 38, 6736-6745.

Gasparetti, C., Faccio, G., Arvas, M., Buchert, J., Saloheimo, M., Kruus, K., 2009. Descoberta de uma nova família de enzimas do tipo tirosinase sem um domínio processado C-terminalmente, produção e caraterização de uma catecol oxidase de *Aspergillus oryzae*. Appl Microbiol Biotechnol. 86, 213-26.

Gerdemann, C., Christopher, E., Krebc, B., 2002. A estrutura cristalina da catecol oxidase, nova visão sobre a função da proteína de cobre do tipo 3. Biochem. 35, 183-191.

Greggio, E., Bergantino, E., Carter, D., Ahmad, R., Costin, G.E., Hearing, V.J., Clarimon, J., Singleton, A., Eerola, J., Hellstrom, O., Tienari, P.J., Miller, D.W., Beilina, A., Bubacco, L., Cookson, M.R., 2005. Tyrosinase exacerba a toxicidade da dopamina mas não está geneticamente associada à doença de

Parkinson. J. Neurochem. 93, 246-256.

Gruhn, C.M., Miller, O.K., 1991. Efeito do cobre na atividade da tirosinase e no teor de poliaminas de alguns fungos *ectomicorrízicos*. J. Mycol. 95, 268-272.

Gutteridge, S., Georage, D., Donald, R., 1977. Oxidação fotoquímica da tirosinase. Food Technol. Biotechnol. 16, 517-519.

Haghbeen, K., Tan, E.W., 2003. Ensaio espetrofotométrico direto das actividades monooxigenase e oxidase da tirosinase de cogumelos na presença de substratos sintéticos e naturais. Analytical Biochemistry. 312, 23-32.

Halaouli, S., Asther, M., Kruus, K., Guo, L., Hamdi, M., Sigoillot, J.C., Asther, M., Lomascolo, A., 2005. Caracterização de uma nova tirosinase de *espécies de Pycnoporus* com elevado potencial para aplicações tecnológicas alimentares. Appl Microbiol. 98, 332-43.

Halaouli, S., Asther, M., Sigoillot, J.C., Hamdi, M., Losascolo, A., 2006. Novas perspectivas em termos de caraterísticas moleculares, bioengenharia e aplicações biotecnológicas. J. Appl. Micobiol.100, 219-232.

Halaouli, S., Record, E., Casalot, L., Hamdi, M., Sigoillot, J.C., Asther, M., Lomascolo, A., 2006. Clonagem e caraterização de um gene de tirosinase do fungo branco *Pycnoporus sanguineus* e sobreprodução da proteína recombinante em *Aspergillus niger*. J. Appl. Microbiol. Biotechnol. 70, 580-589.

Haneda, K., Shiro, S.W., Isao, T., 1973. Produção de L-3,4-dihidroxifenilalanina a partir de L-tirosina por micro-organismo. J. Fement. Technol. 51, 398-406.

Haq, I., Ali, S., Qadeer, M.A., 2002. Biossíntese de L-dopa *por Aspergillus oryzae.* Bioresourc. Technol. 85, 25-29.

Hee, S.P., Lee, J.Y., Kim, H.S., 1998. Comunicação ao editor propagação de L- dopa a partir de benzeno usando uma via híbrida. Biotechnol. Bioengin. 58, 339- 343.

Holker, U., Hofer, M., Lenz, J., 2004. Vantagens biotecnológicas da fermentação em estado sólido à escala laboratorial com fungos. Microbiologia Aplicada e Biotecnologia. 64, 175-186

Ito, M., Inouye, K., 2005. Propriedades catalíticas de uma tirosinase orgânica resistente de *Streptomyces sp.* REN -21 e sua produção de alto nível em *E. coli.* J. Biochem. 138, 355-62.

Jaenicle, E., Decker, H., 2003. Tyrosinases de crustáceos a partir de hexâmeros. Biochemical J. 371, 515-523.

Jimenez, M., Garcia, F., 1998. O efeito do dodecil sulfato de sódio na polifenoloxidase. J. Phyt. Chern. 42, 1503-1509.

Jeon, S., Kim, K., Koh, J., Kong, K., 2005. Efeitos inibitórios na oxidação da L-dopa da tirosinase pelo agente de branqueamento da pele. J. Korean Chern. Soc. 26, 1135.

Kandaswami, C., Vaidyanathan, C.S., 1973. Ensaio enzimático da tirosinase. J. Biol.

Chem. 248,4035.

Katsuji, H., Isao, T., 1974. Ativação da enzima *de Aspergillus oryzae* que catalisa a conversão de L-tirosina em L-3, 4-dihidroxifenilalanina. Hakko Kogaku Zashi. 52, 106-113.

Keisuke, L, Nicell, J.A., 2000. Caracterização da tirosinase para o tratamento de fenóis aquosos. Bioresourc. Technol. 74,191-199.

Krishnaveni, R., Rathod, V., Thakur, M.S, Neelgund, Y.F., 2009. Transformação de L-tirosina em L-dopa por um novo fungo *Acremonium rutilum* sob fermentação submersa. Curr. Microbiol. 58, 122-128.

Kuo, W.N., Kocis, J.M., Guruvadoo, L.K., 2003. Modificação da tirosinase e catecolamina por nitrato peroxi e nitrito. Biosci. 8, 139-142.

Lanto, R., Puolanne, E., Kruns, K., Buchert, J., Autio, K., 2007. Efeito de reticulação de proteínas auxiliado pela tirosinase na formação de gel de miofibrilhas de peito de frango e textura e retenção de água do gel de homogenato de carne de peito de frango. Agr. Food Chem. 55, 1248-1255.

Laufer, Z., Beckett, R.P., Minibayeva, F.V., 2006. Coocorrência das tirosinase e lacase de oxidases multicopro em líquenes da sub-ordem peltigerineae. Ann Bot. 5, 1035-42. Escola de Ciências Biológicas e da Conservação, Universidade de KwaZulu-Natal.

Lorena, G.F., Rodriguez-Lopez, J.N., Garcia-Sevilla, F., Garcia-Ruiz, P., Varon, R., Garcia-Canovas, F., Tudela, J., 2001. Análise e interpretação do mecanismo de ação da tirosinase de cogumelos sobre monofenóis e difenóis gerando o-quinonas altamente instáveis. Biochemica Biophysica. 1548, 1-22.

Lee, S.G., Hong, S.P., Sung, M.H., 1996. Remoção e bioconversão de fenol em águas residuais por uma 0-tirosinase termoestável. Enzym. Microbial. Technol. 19, 374-377.

Leona, B.M., Nikodinovic, J., McMahon, A.M., Vijgenboom, E., O'Connor, K.E., 2008. Avaliação da atividade catalítica de três fontes diferentes de tirosinase: um estudo da oxidação de monofenóis mono e diflurorados. Enzym. Microbial. Technol. 43, 297-301.

Mahadik, D.N., Puntambekar, S.U., Bastawde, B.K., Khire, M.J., Gokhale, V.D., 2002. Produção de lipase ácida por *Aspergillus niger* em fermentação em estado sólido. Process biochemistry. 38, 715-721.

Marques, C.G., Zillay, A., Peralata, R.M., 2002. Produção de lacase como única fenoloxidase por uma cepa brasileira de *Pleurotus pulmonarius* em fermentação em estado sólido. J.Basic Microbiol. 42, 83-90.

Martinez, M.V., Whitaker, J.R., 1995. A bioquímica e o controlo do escurecimento enzimático. Tres. Food Sci. Technol. 6,195-200.

Marusek, C.M., Trobaugh, N.M., Flurkey, W.H., Inlow, J.K., 2006. Análise comparativa da polifenol oxidase de espécies vegetais e fúngicas. J. Biochem. 100, 108-123.

McMahon, A.M., Doyle, E.M., Brooks, S.J., O'Connor, K.E., 2007. Caracterização bioquímica da tirosinase e lacase coexistentes na bactéria do solo *Pseudomonas putida* F6. Enzym. Microbial. Technol, 40, 1435-1441

Matoba, Y., Kumagi, T., 2006. Evidência cristalográfica de que o centro de cobre dinuclear da tirosinase é flexível durante a catálise. J. Biol. Chem. 281, 8981-8990.

Mayer, A.M., 1987. Polifenol oxidase em plantas: progressos recentes. Phytochem. 26, 11- 20.

Mayer, A.M., 2006. Polyphenol oxidases in plant and fungi: going places review. Phytochem. 67, 2318-2331.

Mellay, L., Hamon, V., Criton, M., 2009. Derivados de feniletilamida e fenilmetilamida como novos inibidores da tirosinase. Biol Pharm Bull. 32, 301-3.

Midehiko, K., Ueno, T., Hiroshi, F., 1969. Síntese de L-3,4-dihidroxifenilalanina a partir de L-tirosina e pirocatecol por 0-tirosinase cristalina. Biochem. Biophysica. Res. Commun. 34, 266-270.

Nagatsu, T., Levitt, M., Udenfriend, S., 1964. Etapa inicial da maispinefrina pela tirosina hidroxilase. J. Biol. Chem. 239, 2910-2917.

Nillius, D., Jaenicke, E., Deeker, H., 2008. Interruptor entre a atividade da tirosinase e da catecoloxidase da hemocianina de escorpião por meio de efectores alostéricos. FEBS Lett. 585, 749-754.

Norouzian, D., Akbarzadeh, A., Mirdamdi, S., Khetami, S., Farhanghi, A., 2007. Imobilização de tirosinase de cogumelo por diferentes métodos em tirosina para L-dopa. Biotechnol. 6, 436-439.

Ogel, ZB., Yuziigullu, Y., Mete, S., Bakir, U., Kaptan, Y., Sutay, D., Demir, A., (2006). Produção, propriedades e aplicação à biocatálise de uma nova fenol oxidase extracelular alcalina do fungo termofílico *Scytalidium thermophilum.* Appl Microbiol Biotechnol. 68, 53-62.

Panday, A., 2003. Fermentação em estado sólido, Biochem. Eng. 13, 81-84.

Paranthaman, P., Alagusundaram, K., Indhumathi, J., 2009. Produção de Protease a partir de Resíduos de Moagem de Arroz por *Aspergillus niger* em Fermentação em Estado Sólido. Jornal Mundial de Ciências Agrícolas. 5, 308-312.

Parvinen, A., Selinheimo, E., Boer, H., Kalkkinen, N., Mattinen, M., Saloheimo, M., 2007. Expressão da tirosinase *de Trichoderma reesei* em *Pichia pastoris'.* marcação isotópica e caraterização físico-química. Protein Expres. Puri. 55, 147-158.

Pera, M.L., Colin, L.V., Baigori, D.M., 2006. Efeito das condições ambientais na produção de lipases extracelulares e na morfologia fúngica de *Aspergillus niger* MYA 135. Journal of Basic Microbiology. 50, 52-58.

Pialis, P., Saville, B.A., 1998. Produção de L-dopa a partir de tirosinase imobilizada em Nylon 6,6. Enzym. Microbial. Technol. 22, 261-268.

Raju, B.G., Rao, G.H., Ayyanna, C., 1993. Bioconversão de tirosina em melanina utilizando micélios de *Aspergillus. Spp.* CBS. Visakhpatnan, Índia.

Ramirez, E.C., Whitaker, J.R., Virador, V.M., 2003. Polifenol oxidase. In: Whitaker, J.R., Voragen, A.G.J., Wong, D.W.S. (Eds.). Handbook of Food Enzym. Marcel Dekker, Inc., Nova Iorque, 509-523.

Santos, C.N., Stephanopoulos, G., 2008. Rastreio de alto rendimento baseado na melanina para a produção de L-tirosina em *Escherichia coli.* Appl Environ Microbiol. 74, 11907.

Sarin, A.N., Bedi K.L., Chopra, C.L., Atal, C.K., 1980. Bioconversão de L-tirosina em L-dopa. Indian J. Microbiol. 20, 122-124.

Selinheimo, E., Gasparetti, C., Mattinen, M., Steffensen, C.L., Bucher, J., Kruus, K., 2009. Comparação da especificidade do substrato de tirosinases de *Trichoderma reesei* e *Agaricus bisporus.* Enzym. Microbiol. Technol. 44,1-10.

Selinheimo, E., Saloheimo, M., Ahola, E., Westerholm-Parvinen, A., Kalkkinen, N., Buchert, J., Kruus, K., 2006. Produção e caraterização de uma tirosinase secretada, processada no terminal C, do fungo filamentoso *Trichoderma reesei.* FEBS. 273, 4322-4335.

Selles, M.S., Casado, V.J., Bru, M.R., 2007. Efeito de detergentes, tripsina e ácidos gordos insaturados na polifenol oxidase latente da nespereira: base para a regulação da atividade da enzima. Arch Biochem Biophys. 2, 295-305.

Seo, S.Y., Sharma, V.K., Sharma, N., 2003. Mushroom tyrosinase: recent prospects. Agric. Food Chern. 51, 2837-2853.

Sharmilla, C., Arati, D., 1990. Produção de L-dopa por *Aspergillus terreus.* Microbiol. Lett. 72, 195-199.

Sih, C.J., Foss, C., Rosazza, J., Lambagar, M., 1969. Síntese microbiológica de L- 3,4-dihidroxifenilalanina. Amn. Chern. Soc. 91, 6204.

Snedecor, G.W., Cochran, W.G., 1980. Métodos estatísticos. Lowa state univ. Press, Ames. 7, 507.

Sumantha, A., Sandhya, C., Szakacs, G., Soccol, C.R., Panday, A., 2005. Produção e purificação parcial de uma metaloprotease neutra por fermentação fúngica de substrato misto. Food Technol. Biotechnol. 43, 313-319.

Sussman, A.S., 1961. Uma comparação das propriedades de duas formas de tirosinase de *Neurospora crassa.* Arch. Biochemica. Biophysica. 95, 405-416.

Thornton, C.R., Dewey, F.M., Gilligan, C.A., 1997. Produção e caraterização de um anticorpo monoclonal criado contra antigénios de superfície do micélio de

Gaeumannomyces graminis var. tritici\ Evidence for an Extracellular Polyphenol Oxidase. Fitopatologia. 87,123-31

Toshiteru, O., Shodo, H., Seinosuke, S., Hideya, M., 1991. Comparação das caraterísticas da tirosinase extraída do micélio. Biosci. Bioengin. 50, 704-709.

Vincent, J.H., Ekel, T.M., Montague, P.M., Hearing, E.D., Nicholson, J.M., 1978. Mammalin tyrosinase: isolamento por um novo procedimento simples e caraterização dos seus requisitos estéricos para a atividade do cofator. Bichemica. Biophysica. 185,407-418.

Viswanath, B., Chandra, M.S., Kumar, K.P., Reddy, B.R., 2008. Produção e purificação de lacase de *Stereum ostrea* e sua capacidade de descolorir corantes têxteis. Proc. Biotechnol. Mol. Biol. 2,19-25.

Wan, X., Chai, B., Liao, Y., Su, Y., Ye, T., Shen, P., Chen, X., 2008. Caracterização molecular e bioquímica de uma tirosinase distinta envolvida na produção de melanina a partir de meios de *Aeromonas*. Appl Microbiol Biotechnol. 82, 261-9.

Wichers, H.J., Gerritse, Y.A., Chapelon, J., 1996. Isoformas de tirosinase dos corpos frutíferos de *Agaricus bisporus*. Phytochem. 43, 333-337.

Winters, A.L., Minchin, F.R., Michaelson, Y.P., Lee, M.R., Morris, P., 2008. Polifenol oxidase (PPO) latente e ativa no trevo vermelho *(Trifolium pratense)* e utilização de um mutante com baixo teor de PPO para estudar o papel da PPO na redução da proteólise. J Agric Food Chem. 8, 2817-24.

Yang, Z., Fengyin, W., 2006. Propriedades catalíticas da tirosinase da batata e de fungos comestíveis. Biotechnol. 5, 344-348.

Yamazaki, S., Morioka, C., Itoh, S., 2004. Avaliação cinética das actividades de catalase e peroxigenase da tirosinase. J. Biochem. 43, 11546-11553.

MIX
Papier aus verantwortungsvollen Quellen
Paper from responsible sources
FSC® C105338

Printed by Books on Demand GmbH, Norderstedt / Germany